生命·教育·丛书
JIAOYU CONGSHU

人最宝贵的是生命，生命只有一次

生命的气质与个性

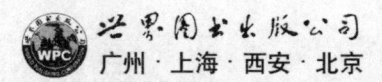

生命是灿烂的，是美丽的；生命也是脆弱的，是短暂的。让我们懂得生命，珍爱生命，让我们在生命中的每一天，都更加充实，更加精彩！

本书编写组
吴光勇 张 琼 何 花 张艳梅 ◎编著

世界图书出版公司
广州·上海·西安·北京

图书在版编目（CIP）数据

生命的气质与个性/《生命的气质与个性》编写组编．
广州：广东世界图书出版公司，2009.11（2021.5 重印）
 ISBN 978 – 7 – 5100 – 1264 – 8

 I．生… Ⅱ．生… Ⅲ．个人 – 修养 – 青少年读物 Ⅳ.
B825 – 49

中国版本图书馆 CIP 数据核字（2009）第 204811 号

书　　　名	生命的气质与个性 SHENGMING DE QIZHI YU GEXING
编　　　者	《生命的气质与个性》编写组
责任编辑	吴怡颖
装帧设计	三棵树设计工作组
责任技编	刘上锦　余坤泽
出版发行	世界图书出版有限公司　世界图书出版广东有限公司
地　　　址	广州市海珠区新港西路大江冲 25 号
邮　　　编	510300
电　　　话	020-84451969　84453623
网　　　址	http://www.gdst.com.cn
邮　　　箱	wpc_gdst@163.com
经　　　销	新华书店
印　　　刷	三河市人民印务有限公司
开　　　本	787mm×1092mm　1/16
印　　　张	13
字　　　数	160 千字
版　　　次	2009 年 11 月第 1 版　2021 年 5 月第 6 次印刷
国际书号	ISBN　978-7-5100-1264-8
定　　　价	38.80 元

版权所有　翻印必究

（如有印装错误，请与出版社联系）

光辉书房新知文库
"生命教育"丛书编委会

主　编：
　　梁晓声　著名作家，北京语言大学教授
　　王利群　解放军装甲兵工程学院心理学教授

编　委：
　　康海龙　解放军总政部队教育局干部
　　李德周　解放军西安政治学院哲学教授
　　张　明　公安部全国公安文联会刊主编
　　过剑寿　北京市教育考试院
　　张彦杰　北京市教育考试院
　　张　娜　北京大学医学博士　北京同仁医院主任医师
　　付　平　四川大学华西医院肾脏内科主任、教授
　　龚玉萍　四川大学华西医学院教授
　　刘　钢　四川大学华西医学院教授
　　张未平　国防大学副教授
　　杨树山　中国教师研修网执行总编
　　张理义　解放军102医院副院长
　　王普杰　解放军520医院院长　主任医师
　　卢旨明　心理学教授、中国性学会性教育与性社会学专业委员

执行编委：
　　孟微微　于　始

"光辉书房新知文库"

总策划/总主编:石　恢

副总主编:王利群　方　圆

本书作者

吴光勇　张　琼　何　花　张艳梅

序：让生命更加精彩

在中国进入经济高速发展，物质财富日渐丰富的同时，新的一代年轻人逐渐走向社会，他们中的许多人在升学、就业、情感、人际关系等方面遭遇的困惑，正在成为这个时代的普遍性问题。

有媒体报道，近30%的中学生在走进校门的那一刻，感到心情郁闷、紧张、厌烦、焦虑，甚至恐惧。卫生部在"世界预防自杀日"公布的一项调查数据显示，自杀在中国人死亡原因中居第5位，15~35岁年龄段的青壮年中，自杀列死因首位。由于学校对生命教育的长期缺失，家庭对死亡教育的回避，以及社会上一些流行观念的误导，使年轻一代孩子们生命意识相对淡薄。尽快让孩子们在人格上获得健全发展，养成尊重生命、爱护生命、敬畏生命的意识，已成为全社会急需解决的事情。

生命教育，顾名思义就是有关生命的教育，其目的是通过对中小学生进行生命的孕育、生命的发展等知识的教授，让他们对生命有一定的认识，对自己和他人的生命抱珍惜和尊重的态度，并在受教育的过程中，培养对社会及他人的爱心，在人格上获得全面发展。

生命意识的教育，首先是珍惜生命教育。人最宝贵的是生命，生命对于我们每个人来说，都只有一次。在生命的成长过程中，我们都要经历许许多多的人生第一次，只有我们充分体验生命的丰富与可贵，深刻地认识到生命到底意味着什么。

生命教育还要解决生存的意义问题。因为人不同于动物，不只是活着，人还要追求人生的价值和意义。它不仅包括自我的幸福、自我的追求、自我人生价值的实现，还表现在对社会、对人类的关怀和贡献。没有任何信仰而只信金钱，法律和道德将因此而受到冲击。生命信仰的重建是中小学生生命教育至关重要的一环。这既是生命存在的前提，也是生命教育的最高追求。

生命教育在最高层次上，就是要教人超越自我，达到与自身、与他人、与社会、与自然的和谐境界。我们不仅要热爱、珍惜自己的生命，对他人的生命、对自然环境和其他生命的尊重和保护也同样重要。世界因多样生命的存在而变得如此生动和精彩，每个生命都有其存在的意义与价值，各种生命息息相关，需要互相尊重，互相关爱。

生命是值得我们欣赏、赞美、骄傲和享受的，但生命发展中并不总是充满阳光和雨露，这其中也有风霜和坎坷。我们要勇敢面对生命的挫折和苦难，绝不能在困苦与挫折面前低头，更不能抛弃生命。

生命是灿烂的是美丽的，生命也是脆弱的是短暂的。让我们懂得生命，珍爱生命，使我们能在生命中的每一天，都更加充实，更加精彩！

本丛书编委会

前　言

　　关于生命的话题，古今中外便有不少仁人志士、名家大师从不同角度颇有言说。宋代朱熹这样描述人生："少年易老学难成，一寸光阴不可轻，未觉池塘春草梦，阶前梧叶已秋声。"他强调人的生命与时间的重要性。现代著名文学家巴金这样诠释他的人生："我的一生始终保持着这样一个信念，生命的意义在于付出，在于给予，而不是接受，也不是在于争取。"他认为生命在于不断地追求进步。奥斯特洛夫斯基说："人生最宝贵的是生命，生命属于人只有一次。一个人的生命应当这样度过：当他回忆往事的时候，他不致因虚度年华而悔恨，也不致因碌碌无为而羞愧；在临死的时候，他能够说，我的整个生命和全部精力，都已献给世界上最壮丽的事业——为人类的解放而斗争。"他将生命与国家和人民的命运紧紧联系在一起。罗曼·罗兰说："世界上只有一种英雄主义，那就是了解生命而且热爱生命的人。"他把珍视生命的人冠以"英雄"的称谓……诸如此类关于生命的解释还有很多，人们因为生活的时代，所处的历史背景，以及自身的生活经历等的不同而对生命有着不同的理解。我们认为，要全面了解人生及其生命的真谛，必须首先认识人类共有的特性——个性与气质。只有了解了它们，并结合自身所处的社会、时代和具体的生活环境，充分发挥主观能动性进行积极的认识与实践，才能对生命的本真有更深入、更具体、更完整的理解，从而科学设计自我、发展和完善自我。

知识经济、信息时代、多元价值的当今社会，时代发展日新月异，精彩纷呈。它赋予现代人太多的机遇和挑战，这就需要人们对自己的人生有一个正确的认识并做出科学合理的价值选择。青少年朋友正处于身心发展的重要阶段，他们的世界观、人生观、价值观等正在形成。他们追求时尚、主张民主、崇尚个性、张扬自我……他们渴望知道生命的真谛，可对自我的认识尚未真正明了；他们渴望懂得个性，可对个性及其元素缺乏真正的了解；他们身上散发着年轻一代特有的"气质"，但却不懂得如何培养自己的气质……面对异彩纷呈、多姿多彩的世界，面对种种诱惑，青少年朋友们尤其需要有智慧的眼界、明敏的意识、清醒的头脑。因此，引导和帮助他们科学认识自我、理解生命的本真、学会设计人生、追求自己的理想境界，便显得十分重要。基于这样的目的，对青少年朋友进行科学而系统的生命教育，显得非常重要和十分必要。

本书在青少年生命教育的大框架下，围绕"生命教育"这个主题，主要论述了生命的个性与气质的一些理论与实践等问题。它以科普的形式，通俗而流畅的语言告诉读者，个性与气质是一个人的基本特性，社会环境是形成个性的重要条件，除先天因素外，气质也被改变着。一个人从主体意识形成开始，就需要自觉能动地分析认识自我，积极主动设计、培养和完善自我，形成稳定完善的人格。社会化过程是终身的，自我的发展没有止境，我们要与时俱进，坚持不断发展的信念，升华自身的个性与气质，不断完善自己的人格。本书的具体内容包括：个性与气质概述，告诉读者个性与气质的含义、特征等，明确对于个人的生命而言，认识和培养良好的个性与气质，具有十分重要的意义。认识自我，悦纳自己，分析一个人应该怎样分析和认识自我的个性与气质，包括认识自我、客观地评价自我的内容和方法。设计自我，规划人生。培养自我，张扬个性，分析一个人应该怎样设计和培养自我的个性与气质，包括设计自我的内容、方法，以及培养自我的方向和途径。完善自我，毕生发展，论证一个人的人格是毕生发展的，个人应该利用社会条件，立足自我教育，不断完善自我的人格，凸显自我生命的个性与气质、展示自己的人格魅力。

　　本书同时为读者列举了不少名人名言和典故，以增强本书的可读性；还列举了一些心理测试，以增强科学性和趣味性；在介绍方法的时候采用了大量表格的形式来说明，以增强其操作性。另外，还在整本书中插入了一些符合文章主题的图片，使内容更加生动和形象。

　　我们深知"读万卷书，行万里路"方可获得真知灼见。作为本书的编者，我们长期工作在教育教学第一线，而且多年担任班主任和学校心理健康教育工作，与广大中学生有着深入的接触和了解，熟知他们的内心世界，书中很多东西来自我们日常工作和学校生活的实践积累。

更为重要的是，本书在编写过程中，查阅了国内外许多有关生命个性与气质方面的理论书籍及其他文献，并引用了黄希庭、林崇德、董奇等数位心理学专家的研究成果，在此谨向他们表示崇高的敬意并致以衷心的感谢。

同时，在本书的编写过程中，丛书策划和编审的专家与作者单位的领导对编写工作给予了大力的支持，在此我们一并致以崇高的敬意和感谢；没有王利群等专家的悉心关怀和指导，没有谭六三校长等的大力支持和帮助，本书的问世是不可能的。

本书作为青少年生命教育系列丛书之一，其编写的初衷旨在针对初二至高三学生及其家长、老师阅读，主要为他们提供青少年生命教育和实践的一些方法和技巧。当然，作者衷心地期望青少年朋友通过阅读本书，结合自己的成长历程，在自身的学习、生活和实践中，能够对自己的生命有所感悟，有所收获，使自己的个性与气质得到应有的发展和完善，真正实现自我。由于作者水平有限，加之时间仓促，书中还有许多有待完善的地方，疏忽漏洞也在所难免，恳请广大读者提出宝贵的意见和建议。

编　者

CONTENTS
目 录

第一章　了解个性　关注气质 …………………… / 1
　　第一节　了解个性 ………………………………… / 3
　　轻松一刻：个性成熟度测试 ……………………… / 10
　　第二节　关注气质 ………………………………… / 22
　　轻松一刻：性格类型测试 ………………………… / 33

第二章　认识自我　接纳自己 …………………… / 35
　　第一节　自我认识概述 …………………………… / 36
　　轻松一刻：奋斗不息的弗洛伊德 ………………… / 43
　　第二节　正确认识，接纳自己 …………………… / 45
　　轻松一刻：接纳并肯定自己 ……………………… / 63
　　第三节　科学评价，把握自我 …………………… / 65
　　轻松一刻：认识自我的名言警句 ………………… / 72

第三章　设计自我　规划人生 …………………… / 74
　　第一节　自我设计概述 …………………………… / 75
　　轻松一刻：君士坦丁的传奇人生 ………………… / 77
　　第二节　多角度的自我设计 ……………………… / 80
　　轻松一刻：关于理想的人生格言 ………………… / 101

1

第三节　科学完美地规划人生 …………………… / 103

　　轻松一刻：米开朗琪罗的人生经历 ………………… / 112

第四章　培养自我　张扬个性 …………………………… / 114

　　第一节　培养自我概述 ……………………………… / 116

　　轻松一刻：信念二则 ………………………………… / 117

　　第二节　把握方向，发挥特长 ……………………… / 119

　　轻松一刻：詹姆斯·瓦特的人生经历 ……………… / 130

　　第三节　探索途径，发展自我 ……………………… / 135

　　轻松一刻：古人自省的故事 ………………………… / 148

第五章　完善自我　毕生发展 …………………………… / 150

　　第一节　人格毕生发展概述 ………………………… / 151

　　轻松一刻：命运多舛的贝多芬 ……………………… / 159

　　第二节　人格发展的制约因素和阶段特征 ………… / 162

　　轻松一刻：欧几里得与学园的故事 ………………… / 169

　　第三节　利用环境，发展人格 ……………………… / 171

　　轻松一刻：玻尔人生价值的自我实现 ……………… / 182

　　第四节　完善人格，彰显魅力 ……………………… / 185

　　轻松一刻：关于实践的名人名言 …………………… / 192

主要参考文献 ……………………………………………… / 193

第一章　了解个性　关注气质

"世界上没有两片完全相同的树叶。"

17世纪德国哲学家、科学家莱布尼茨有一次和国王谈论哲学时指出：万物莫不相异，天地间没有两个彼此完全相同的东西。国王不信，派宫女去御花园里找两片完全相同的树叶，结果谁也没有找到。因为粗看起来似乎完全相同的两片树叶，实际上在大小、厚薄、色泽、纹路等方面却存在着明显的差别。19世纪法国文学家福楼拜也说过："世界上没有两粒相同的沙子……没有两双相同的手掌。"万物莫不相异，世人各不相同。

楚霸王乌江自刎和刘邦建立大汉，很大程度上由不同个性造成。刘邦与项羽都曾有着雄心和壮志，刘邦曾豪吟《大风歌》，项羽也曾高唱"力拔山兮气盖世"。同观嬴政的出游，刘邦说："嗟乎！大丈夫当如此也。"项羽则言："彼可取而代之。"虽其意略同，却表现出两种不同的性格，一个含蓄，一个直爽。"大丈夫当如此也"，虽含有称霸之心，却也有一层羡慕和恭敬之心。"彼可取而代之"，那位直爽的楚霸王，显然有

生命的气质与个性

造反之心，要夺取嬴政的宝座。若两人之言，同被嬴政所闻，那治罪重的肯定是可怜的项羽了。刘邦从一个小小的无赖到汉高祖这样一个高位，"学万人敌"的项羽却刚愎自用到自刎，这是性格使然。

人之所以各不相同，除了生理的差别外，气质和个性上的差异起着决定性的作用。

第一章　了解个性　关注气质

第一节　了解个性

一、个性的概念及特点

现代心理学一般把个性定义为一个人的整个精神面貌，即一个人在一定社会条件下形成的、具有一定倾向的、比较稳定的心理特征的总和。它是人的心理倾向、心理过程的特点、个性心理特征，以及心理状态等多层次的有机结合的心理结构。

个性一般具有以下特点：

整体性　首先，个性的整体性在于个体的内在统一性。一个活生生的正常人总是能够正确地认识和评价自己，能及时调整在个性上出现的相互矛盾的特征。因此他的内心世界、动机和行为之间是和谐一致的；其次，只有从整体出发才能认识个别，个别的心理特征只是在个性的整体中，在和其他个性联系中才有确定意义。一个优柔寡断的人，很可能在关键时候因为自己的性格而吃大亏；最后，个性具有多层次，多维度性、多侧面性，这些层次、维度和侧面有低级与高级之分，有主次之分，有主导和从属之分，是

李逵

一个复杂的系统。比如有的人刚毅，但不乏柔和；可有的人却跟《水浒传》里的李逵一样徒有勇猛。

个别性和共同性 人的个性是由某些与别人共同的、或相似的特征以及完全不同的特征错综复杂地交织在一起构成的，其中既有个人所独有的，也有与别人相似的或共同的。

人的个性独特性并不排斥与人之间在心理上的共同性。就是说，个性中还存在着共性。所谓心理上的共性是指某一个群体、某一个阶层或某个民族有共同的典型的个性特征。它表现在人们对问题的看法，对己对人对事所持态度和价值判断，在愿望和实现中，都有某种共同性或相似性。简单地说，共性就是在一定群体环境、社会环境、自然环境中逐渐形成的，它具有稳定性和一致性。

而个性中的共同性和个别性是统一的，即某一群体的个性总是通过其群体内的成员个人体现出来的，它制约着个人的独特性。同时，人类所具有的一些共同的心理规律也表现在不同的人身上。

稳定性和可变性 个性心理特征是在一定的社会历史条件下，在一个人的长期生活历程中逐渐形成的。一个人出生后，经过社会生活实践，逐渐形成一定的动机、理想、信念和世界观，从而使自己的活动总是带有一定的倾向性，在不同的生活情境下心理面貌总是显示出相同的品质。

但是，由于现实生活的复杂性，使人们之间的交际纷繁多变，因此作为人的生活历程的反映的个性特征，也必然随着现实的多样性和多变性而发生或多或少的变化。这种变化主要表现在两个方面：一是个性中具有核心意义的东西，比如人们形成的理想、信念和世界观在生活过程中不断巩固，逐渐成为个人典型的特征。这些特征随着社会关系的变化而逐渐变化；二是人的个性心理受多种因素的影响而发展变化，比如所处情景的变化、人际交往中受到的影响、一时的心理状态的影响、人的身体自然特点的影响等等。

生物制约性和社会制约性　人是生物实体，也是社会实体。因此在考虑个性的本性是社会性的同时，也不能不考虑个性带有自己生物学烙印。人的自然生物特性不能预定个性发展方向，然而它却构成个性形成的基础，影响着个性发展的道路和方式，影响着个性行为的形成的难易和水平。

而社会因素对人的个性的影响可以归纳为两种情况：一是即时性的社会影响，这往往是和别人在一起时，无意之间中接受了别人的影响，使自己的心理活动发生一定的变化。这种现象也叫从众行为；二是作为每个社会成员的个性是在他所在的社会文化历史的背景下潜移默化中发展起来的。

二、个性心理结构

个性倾向性　个性倾向性是指决定人对事物的态度和行为的动力系统，它以积极性和选择性为特征，其中包括需要、动机、兴趣、理想、信念和世界观等不同成分。它最能反映人的活动的积极性特点，使人以不同的态度和不同程度的积极性组织自己的行为，有目的、有选择地对客观现实进行反应。

个性心理特征 个性心理特征指在心理活动过程中表现出来的比较稳定的成分，它包括能力、气质和性格，影响着和决定着人生的风貌、人生的事业和人生的命运。人和人在个性心理特征方面是有差异的，其认识、情感和意志等心理活动都是在其具体的个人身上进行的，都表现出各自不同的心理特征。

心理过程 心理过程包括认识（感觉、记忆、思维、想像）、情感、意志等心理活动，他们都有一个发生、发展和完成的过程，以流动、变化为特征，是人脑对客观现实的反映形式，保证着人和客观现实的联系。人总是通过认识、情感、意志去反映现实、去完成活动。

心理状态 心理状态是指在当前一刻相对稳定的心理背景，它是由机体内外刺激的影响，在大脑皮层进行的兴奋和抑制活动的独特的暂时状态，它影响着人们进行各种活动。它有三个特点：不断变化之中（变化性）、直接现实性和心理状态的广泛性。

自我调节系统 自我调节系统以自我意识为核心，它在心理结构上包括认识、情感和意志三个方面：在认识方面又包括有自我感知、自我分析、自我观念、自我评价等；在情感方面又包括自我体验、自尊、自信、自豪等；在意志行动方面又包括自我监督、自我命令、自我控制等。

第一章　了解个性　关注气质

对一个人而言，认识、情感、意志这三个方面不是绝对分开的，而是紧密联系着，构成个性结构中的自我调节系统。

三、自我意识与个性

由于自我意识能够意识到自己的个性心理倾向和个性心理特征，所以它能够对各种心理成分进行调节和控制，使个性心理诸成分形成完整的结构系统。如果自我意识失调，就会发生人格破裂。

那么，到底什么是自我意识呢？自我意识是指个体把自己作为客体存在的各方面的意识（自我观察和综合反应）。既是对自己的感知觉、思维、情感意志等心理活动的意识，也是对自己和客观世界的关系，尤其是人我关系的意识，对自身机体状态的意识，等等。

自我意识是个性的重要组成部分，是一个人个性不断臻于完美的良好保证。一个人的自我意识强烈，不断反思自己的行动和行为，留可取弃无用，将帮助人走向成功。比如一个鲁莽的人意识到自己的冲动，一个自负的人认识到自己的目空一切，这有利于改善自己的个性。自我意识存在有三个特点：社会性、能动性和同一性。

自我意识是由自我认识、自我体验和自我控制组成的自我调节系统，调控着个体的心理活动和行为。主要包括：

自我认识　自我认识是对自己的洞察和理解，包括自我观察和自我评价。

心理学告诉我们，自我意识的发展是个体发展中的一个重要部分，许多心理过程的发生和发展都与之有过密切的关系，自20世纪60年代以后，西方心理学家对自我意识的作用进行了深入研究。美国学者霍曼切克认为，学生正确自我评价和不正确自我评价在态度和行动上差异有8点之多。

正确的自我评价	不正确的自我评价
1. 对周围环境所发生的各种事情有好奇心，愿意接触事物。	1. 消极地回避新经验，尽可能不去接触它。
2. 爱和朋友聊天、开玩笑，有时也发生纠纷。	2. 遭受申斥时内心觉得羞耻，被家长和老师视为"好孩子"。
3. 有幽默感，好长谈，善于取笑。	3. 过于认真，过于神经质，多疑。
4. 好提问，问题提得直截了当，愿意自己为解决问题定计划。	4. 回避提出的问题，对是什么还未搞清楚时，就发牢骚，总以自己的考虑为基础去定计划。
5. 不怕危险，愿为谈判作贡献，如果认为自己所想是正确的，就坚决去做。	5. 缺乏信心，轻易撤回自己的主张，易附和别人，常说："想必这是正确的。"
6. 对自己的成就表述是适度的，不傲慢，不夸张。	6. 过分夸耀自己的能力和成绩，骄傲自满，轻视别人。
7. 与别人共事或游戏，很容易协调，能帮助别人。	7. 过分的竞争，想尽量自己占有，如有可能就去威胁他人。
8. 总是快活的，遇有不顺心的事，从不哭泣，不会有不必要的忧虑。	8. 好忧虑，战战兢兢，爱发牢骚。

这8条差异其实是一一对立的关系。其中无不是关系到今后人生发展的重要品质，比如对自己的愿望、动机、行为和个性品

8

质的评价，关系到个人参与社会的积极性，也影响到协调社会中的人际关系。如果只看到自己的不足，觉得处处不如人，这就会丧失信心，遇事畏缩不前，可能使人变得怯懦沉闷、无生气；如果一个人只是看到自己的长处，认为自己处处比别人强，孤芳自赏，这样的人容易变得盲目乐观、傲慢、自以为是等。

自我体验 自我体验是自我意识在情感上的表现。其功能有：使认识内化为个人的需要和信念；引起和维持行动；制止自己行为。

自我控制 自我控制是自我意识在意志行动上的表现，包括四个环节：一是主体意识到社会要求，并力求使自己的行为符合其准则，从而激发自我调控；二是从知识库中检索与认识和改造客观现实以及自己主观世界的有关知识，同时正确地评价自己运用这些知识的可能性；三是制定能够完善和提高自己行动的相应计划和程序；四是在行动中运用诸如自我分析、自我体验、自我鼓励、自我监督、自我命令等各种激励手段。

轻松一刻：个性成熟度测试

下面有25道题，每道题都有5个备选答案。请根据自己的实际情况，在题目下面圈出相应的字母，每道题只能选择一个答案。请注意，这是测验你的实际想法和做法，而不是问你哪个答案最正确。因此，请不要猜测"正确"的答案，以免测验结果失真。

1. 我所在单位的领导（或学校的老师）对待我的态度是：
   a. 老是吹毛求疵地批评我
   b. 我一做错什么事，马上就批评我，从不表扬我
   c. 只要我不犯错误，他们就不会指责我
   d. 他们说我工作和学习还是勤恳的
   e. 我有错误他们就批评，我有成绩他们就会表扬我

2. 如果在比赛中，我或我的一方输了，我通常的做法是：
   a. 研究输的原因，提高技术，争取以后赢
   b. 对获得胜利的一方表示赞赏
   c. 认为对方没啥了不起，在别的方面自己（或自己一方）比对方强
   d. 认为对方这次赢的原因不足道，很快就忘记了
   e. 认为对方这次赢的原因是运气好，下次自己的运气好

第一章 了解个性 关注气质

的话也会赢对方

3. 当生活中遇到重大挫折（如高考落榜、失恋）时，便会感到：

    a. 自己这辈子肯定不会幸福

    b. 我可以在其他方面获得成功，加以补偿

    c. 我决心不惜任何代价，一定要实现自己的愿望

    d. 没关系，我可以更改自己的计划或目标

    e. 我认为自己本来就不应当抱有这样的期望

4. 别人喜欢我的程度是：

    a. 有些人很喜欢我，其他人一点也不喜欢我

    b. 一般都有点喜欢我，但都不引我为知己

    c. 没有人喜欢我

    d. 许多人都在一定程度上喜欢我

    e. 我不知道

5. 我对谈论自己受挫折经历的态度是：

    a. 只要有人对我受挫折的经历感兴趣，我就告诉

    b. 如果在谈话中涉及到，我就无所顾忌地说出来

    c. 我不想让别人怜悯自己，因此很少谈自己受挫的经历

    d. 为了维护自尊，我从不谈自己受挫折的经历

    e. 我感到自己似乎没有遇到过什么挫折

6. 通常情况下，与我意见不相同的人都是：

a. 想法古怪，难以理解的人

b. 缺乏文化知识修养的人

c. 有正当理由坚持自己看法的人

d. 生活背景和我不同的人

e. 知识比我丰富的人

7. 我喜欢在游戏或竞赛中遇到的对手是：

a. 技术很高超的人，使我有机会向他学习

b. 比我技术略高些的人，这样玩起来兴趣更高

c. 显然技术比我差的人，这样我就可以轻松地赢他，显示自己的实力

d. 和我的技术不相上下的人，这样在平等的基础上展开竞争

e. 一个有"赛道德"的人，不管他的技术水平如何

8. 我喜欢的社会环境是：

a. 比现在更简单、平静的社会环境

b. 就像现在这样的社会环境

c. 稳步向好的方面发展的社会环境

d. 变化很大的社会环境，使我能利用这机会发展自己

e. 比现在更富裕的社会环境

9. 我对待争论的态度是：

a. 随时准备进行激烈争论

第一章　了解个性　关注气质

    b. 只对自己有兴趣的问题，才喜欢争论

    c. 我很少与人争论，喜欢自己独立思考各种观点的正确与否

    d. 我不喜欢争论，尽量避免之

    e. 我不讨厌争论

10. 受到别人批评时，我通常的反应是：

    a. 分析别人为什么批评我，自己在哪些地方有错

    b. 保持沉默，对他记恨在心

    c. 也对他进行批评

    d. 保持沉默，毫不在意，过后置之脑后

    e. 如果我认为自己是对的，就为自己辩护

11. 我认为亲属的帮助对一个人事业成功的影响是：

    a. 总是有害的，这会使他在无人帮助的时候面对困难一筹莫展

    b. 通常是弊大于利，常常帮倒忙

    c. 有时会有帮助，但这不是必需的

    d. 为了获得事业成功，这是必需的

    e. 对一个人刚从事某一职业时有帮助

12. 我认为对待社会生活环境的正确态度是：

    a. 使自己适应周围的社会生活环境

    b. 尽量利用生活环境中的积极因素发展自己

c. 改造生活的不良因素，使生活环境变好

d. 遇到不良的社会生活环境，就下决心脱离这个环境争取调到别的地方去

e. 自顾生活，不管周围生活环境是好是坏

13. 我对死亡的态度是：

a. 从来不考虑死的问题

b. 经常想到死，但对死不十分害怕

c. 把死看作是必然要发生的事情，平时很少想到

d. 我每次想到死就十分害怕

e. 一点不怕，认为自己死了就轻松了

14. 为了让别人对自己有好的印象，我的做法是：

a. 在未见面时就预先想好自己应当怎样做

b. 虽很少预先准备，但在见面时经常注意给人一种好的印象

c. 很少考虑应给人一个好的印象

d. 我从来不做预先准备，也讨厌别人这么掩盖自己的本来面目

e. 有时为了工作和生活上的特殊需要，认真考虑如何给人以良好的印象

15. 我认为要使自己生活得愉快而有意义，就必须生活在：

a. 关系融洽的亲属们中间

b. 有知识的人们中间

c. 志同道合的朋友们中间

d. 众多的亲戚、同学和同事们中间

e. 不管生活在什么人中间都一样

16. 在工作或学习中遇到困难时，我通常是：

a. 向比我懂得多的人请教

b. 只向我的好朋友请教

c. 我总是尽自己最大努力去解决，实在不行，才去请求别人的帮助

d. 我几乎从不请求别人来帮助

e. 我找不到可以请教的人

17. 当自己的亲人错误地责怪我时，我通常是：

a. 很反感，但不吱声

b. 为了家庭和睦，违心地承认自己做错了事

c. 当即发怒，并进行争论，以维护自己的自尊

d. 不发怒，耐心地解释和说明

e. 一笑了之，从不放在心上

18. 在与别人的交往中，我通常是：

a. 喜欢故意引起别人对自己的注意

b. 希望别人注意我，但想不明显地表示出来

c. 喜欢别人注意我，但并不主动去追求这一点

d. 不喜欢别人注意我

e. 对于是否会引人注意,我从不在乎

19. 外表对我来说:

    a. 非常重要,常花很多时间修饰自己的外表

    b. 比较重要,常花不多时间修饰

    c. 不重要,只要让人看得过去就行了

    d. 完全没有重要性,我从不修饰自己的外表

    e. 重要是重要,但我花在修饰上的时间不多

20. 我喜欢与之经常交往的人通常是:

    a. 异性,因为他们(或她们)更容易相处

    b. 同性,因为他们(或她们)与我更合得来

    c. 和我合得来的人,不管他们与我的性别是否相同

    d. 我不喜欢与家庭以外的人多交往

    e. 我只喜欢与少数合得来的同性朋友交往

21. 当我必须在大庭广众中讲话时,我总是:

    a. 会因发窘而讲不清话

    b. 尽管不习惯,但还是做出泰然自若的样子

    c. 我把这看成是一次考验,毫不畏惧地去讲

    d. 我喜欢对大家讲话

    e. 坚决推辞,不敢去讲话

22. 我对用面相、测字来算命的看法是:

第一章　了解个性　关注气质

　　a. 我发现算命能了解过去和未来

　　b. 算命人多数是骗子

　　c. 我不知道算命到底是胡说，还是确实有道理

　　d. 我不相信算命能知道人的过去和未来

　　e. 尽管我知道算命是迷信，但还是半信半疑

23. 在参加小组讨论会时，我通常是：

　　a. 第一个发表意见

　　b. 我对自己了解的问题才发表看法

　　c. 除非我说的话比别人有价值，我才发言

　　d. 我从来不在小组会上发言

　　e. 我虽然不带头发言，但总是要发言的

24. 我对社会的看法是：

　　a. 社会上到处都有丑恶的东西，我希望能逃避现实

　　b. 在社会上生活，要想永远保持正直、清白是很难的

　　c. 社会是人生的大舞台，我很喜欢研究社会现象

　　d. 我不想去了解社会，只希望自己能生活得愉快

　　e. 不管生活环境如何，我都要努力奋斗，无愧于自己的一生

25. 当我在生活道路上遇到考验（如参加高考、承担冒风险的工作）时，我总是：

　　a. 很兴奋，因为这能体现我的力量

b. 视作平常小事，因为我已经习惯了

c. 感到有些害怕，但仍硬着头皮去顶

d. 很害怕失败，常放弃尝试

e. 听从命运的安排

计分与评价：

根据你的答案，对照计分表，计算自己的总得分。计分过程中，负分数与绝对值相等的正分数可以相互抵消。这个总分就是你的个性成熟度指数。

计分表上每道题目的5个答案中，得分为正值的答案代表处理该问题时的合理做法。得分越高，说明该做法越妥当，是个性成熟者的通常做法。相反，得分为负值的答案代表了不妥当的中幼稚的做法，反映了个性的不成熟。因此，你可观察一下你在每道题目上的得分，看看自己在哪些题目上的得分较高，自己在处理哪些问题上较为成熟和老练；自己在哪些题目上得了负分数，自己在处理哪些问题时还不成熟，较为妥当的做法是哪一种。经过这样仔细的分析，你可以看出自己处理社会生活问题的长处和短处，使自己尽快地成熟起来。

计分表：

题号	选项				
	a	b	c	d	e
1	-3	-2	+4	0	+6
2	+4	0	-3	+8	-4

第一章 了解个性 关注气质

续表

题号	选项				
	a	b	c	d	e
3	-4	+10	0	+5	-3
4	0	+3	-3	+8	-2
5	-3	+8	+4	-2	0
6	-3	-2	+8	+4	0
7	-2	+6	-3	0	+8
8	-5	0	+6	+4	-3
9	-4	+8	0	-2	+3
10	+8	-4	-4	0	+4
11	-2	0	+8	-4	+6
12	-2	+4	+8	-4	+6
13	0	+2	+10	-4	-3
14	-1	+8	0	-3	+4
15	0	+6	+4	-2	-4
16	+8	0	+4	-2	-4
17	-1	0	-4	+8	+4
18	-2	0	+8	-3	+4
19	-2	+6	0	-3	+4
20	-2	0	+8	-3	+4
21	-1	+4	+8	+2	-4
22	-5	+3	-2	+10	0
23	0	+8	-1	-4	+4
24	-3	-2	+6	0	+10
25	+4	+8	0	-4	-1

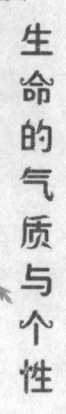

评分表：

总分可以用来判断人整体的个性成熟程度。总分越高，说明你的个性越成熟；总分越低，说明个性越不成熟，具体的个性成熟程度的划分，可看这张评价表。

评分表：

总分	个性成熟程度
0 分以下	很不成熟
0~49	不大成熟
50~99	一般
100~149	比较成熟
150 分以上	很成熟

如果你的测验总分在 150 分以上，这说明你是个很成熟老练的人。凡个性成熟的人，都掌握一套行之有效的适应社会的方法。他们知道怎样妥善地处理个人所遇到的各种社会问题。他们能准确地判断：处理一个问题，哪些方式是有效的，哪些方式会造成不良的后果，从而选择一种最佳的处理方法。他们常常成为别人讨教和仿效的对象。

个性成熟的人大多有丰富的经历，有大量过去失败的或成功的经验可供借鉴。但是，个性成熟的程度并不一定与人的年龄成正比。如果测验总分在 100~149 分之间，这说明你是较为成熟的人。在大部分事情的处理上你是很得体的。你能够很好地适应社会，建立起良好的人际关系。

第一章 了解个性 关注气质

如果测验总分在 50~99 分之间，这说明你的个性成熟程度属于中等水平。你的个性具有两重性：一半老练，另一半是幼稚的。还需要在社会生活实践中成熟起来。

如果测验总分在 0~49 分之间，这说明你的个性还欠成熟。你还不善于处理社会生活中的各种问题和矛盾，不善于观察影响问题的各种复杂因素，不能准确地预见自己行为的结果，还不能很好地适应复杂的社会生活。

如果你的测验总得分是负数，说明你还十分幼稚，处理社会生活问题很不成熟。你喜欢单凭个人粗浅的直觉印象和一时的感情行事，好冲动、莽撞、不识大体。或者相反，即遇事退缩不前，生怕出头露面，孤独而自卑。很容易得罪人，也容易被人欺骗，在社会生活中到处碰壁，无法实现自己的理想和目标。这种状况与现代社会生活的要求很不适应，你必须设法使自己尽快地成熟起来。

第二节 关注气质

一、气质的概念和特点

　　气质属于个性范畴，是个性心理特征的一个方面，是表现在心理活动的强度、速度、灵活性、倾向性等方面的比较稳定动力特征。它使人的全部心理活动都染上独特的个人色彩，比如有的人性情急躁，有的人处事冷静沉着；有的人动作灵巧，反应迅速敏捷，易适应变化了的环境，而有的人反应较迟钝，行动缓慢稳

表情特写

第一章　了解个性　关注气质

重，言语乏力。这些心理活动的动力特征给个体的心理表现涂上了一层色彩，体现出人的气质特征。

气质具有天赋性和稳定性，是典型、稳定的心理特征。它在很大程度上是由遗传素质决定的。俗语说："江山易改，禀性难移。"这个"禀性"指的就是气质。气质在个体刚刚出生就有所表现。这可以从婴儿身上显现出来，比如新生儿有的喜吵闹、好动；有的比较平稳、安静。研究表明，遗传素质越接近，在气质表现上也越接近。可见，气质具有天赋性。

有着某种独特气质类型的人，常在不同场合、不同的活动中表现出同样性质的动力特点，比如，一个容易激动的学生，听课时会沉不住气，会迫不及待地抢答问题，争论时情绪激动，等人时会坐立不安。而一个沉着稳定的学生，在不同场合下，都会表现出不急不慢、安详沉静的特点。可见，气质具有相对稳定性。

气质也具有可变性。气质是不易改变的稳定的个性心理特征，但它并不是绝对不变的，在一定条件影响下可以或多或少地变化，它有可塑性。在环境和教育的影响下，随着自身修养的增强，特别是随着性格的成熟，气质也会有一定程度的改变，但这仅仅是外部表现的改变，使其内部产生质的改变是很难的。同时，性格对于气质也会具有一定的制约和控制作用。因此，气质的稳定性与可塑性是统一的。

研究表明，性别、城乡、父母职业、父母文化程度、是否独立子女、家庭教养情况、是否三好学生、是否学生干部、受奖惩

生命的气质与个性

情况和学业成绩等12种社会因素对儿童、青少年气质发展有影响。研究也发现，随着年龄的增长，个人的气质有其年龄的典型特点，并且各种气质类型所发生的变化是不同的。

个人的态度、理想和信念对气质的自然表现也有很大影响。不管什么气质类型的人，当他以积极态度对待工作和生活时，都会情绪高涨，意气风发，干劲倍增；如果以消极态度进行活动，则会情绪低落，干劲不足，有厌倦情绪。有高尚情操和远大理想的人，在正确方向指导下，能够发扬气质中的优点，克服弱点。因此，气质是可以改变的，只是这种改变较为缓慢、困难，不易觉察。

二、气质类型

气质类型是指在一类人身上共有的或相似的典型气质特征的有规律的典型结合。关于气质类型的划分是多种多样的，古希腊著名医生希波克拉特就提出了四种体液的气质学说，把气质分为胆汁质、多血质、黏液质和抑郁质四种，这四种类型的名称沿用至今。

胆汁质 胆汁质属于兴奋而热烈的类型。这种气质类型的人感受性较弱，耐受性、敏捷性、可塑性较强，精力旺盛、敏捷果断、兴奋

张飞

第一章 了解个性 关注气质

比抑制占优势。行为表现直率热情，常常是反应迅速、行为敏捷。在言语、表情、姿势上都有一种强烈的热情，在克服困难上有坚忍不拔的劲头。智力活动具有极大的灵活性，但理解问题有粗枝大叶不求甚解的倾向。

在正确教育下，他们可能具备坚强的毅力，主动而热情，有独创精神；在不良环境影响下，他们可能出现缺乏自制、粗暴、爱生气、易冲动等不良品质。

王熙凤

多血质 多血质属于敏捷好动的类型。这种气质类型具有很强的耐受性、兴奋性、敏捷性和可塑性，反应速度快，感受性较弱。情绪易表露，也易变化，敏感。在行为上，这种气质类型的人热情、活泼、敏捷、精力充沛，适应能力强，善于交际，常能机智地摆脱窘境。他们思维灵活，主意多，常表现出机敏的工作能力和较高的办事效率，对外界事物有广泛的兴趣，个性具有明显的外向性。易适应环境，善交际，但往往粗心大意、情绪多变、兴趣易转移、轻率、散漫等。其显著特点是灵活性强、外倾明显。

在正确的教育下，他们对学习、劳动、社会生活会持积极主动的态度；在不良教育下，他们会表现轻率、疏忽大意、散漫、自我评价过高等不良行为和态度。

生命的气质与个性

黏液质 黏液质属缄默而沉静的类型。这种气质类型感受性弱，敏捷性、可塑性、兴奋性也弱，但耐受性强。这种气质类型的人行为表现为缓慢、沉着、镇静、有自制力、有耐心、刻板、内向。他们不易接受新生事物、不能迅速地适应变化了的环境，与人交往适度、情绪平稳。喜沉思，在做任何工作之前都要细致考虑。能坚定执行已做出的决定，不慌不忙地去完成工作。其显著特点是安静、内倾。但往往固执、保守、精神怠惰、缺乏生气、动作迟缓。

在正确教育下，他们容易形成勤勉、实事求是、坚毅等品质；在不良的影响下，可能发展为萎靡、迟钝、消极、怠惰以及对人对事漠不关心、冷淡顽固等不良品质。

抑郁质 抑郁质属呆板而羞涩的类型。这种气质类型的人感受性很强，往往为一点微不足道的事而动感情，耐受性、敏感性、可塑性、兴奋性也都很弱。但感受性高，善于观察到别人不易察觉的细节，富于同情心。他们的行为表现为孤僻，动作缓慢，很少表现自己，尽量摆脱出头露面的活动，避免同陌生的、刚认识的人交际。其显著特点是敏感、孤僻、缺乏自信心、内倾（指性格内向）。在新的环境下，他们容易惶惑不安，在强烈和紧

林冲

第一章　了解个性　关注气质

张的情形下容易疲劳，在熟悉的环境下表现很安静，动作迟缓、软弱。他们具有高度情绪易感性，情绪体验方式少，但体验深刻、强烈而持久且不显露。

在顺利的环境中，在友爱的集体里，他们可以表现出温顺、委婉、细致、敏感、坚定，能克服困难，富有同情心等优良品质；在不利条件下，会表现出伤感、沮丧、忧郁、神经过敏、深沉悲观、怯懦、孤僻、优柔寡断等不良品质。他们常常会病态地体验到各种委屈情绪。

电视剧《红楼梦》中的林黛玉

在古今中外的文学作品中，经常会看到描绘这四种气质类型的典型人物。例如《水浒传》中的李逵是典型的胆汁质，林冲属典型的黏液质，《红楼梦》中的王熙凤是典型的多血质，林黛玉则是典型抑郁质。在日常生活中也可以遇到这四种气质类型的典型，但毕竟是少数。大多数人的气质或近似于某种气质类型，或是多种气质类型的混合，即混合型。

上述四种气质类型的人在同一环境中，表现出不同的心理状态和行为特点。前苏联心理学家达维多娃曾有过精彩具体的描述：四个人去剧院看戏，都迟到了15分钟。胆汁质的人与检票员争吵起来，想闯入剧场；多血质的人对检票员的做法很理解，但随即又找到了一个没人检查的入口进剧场，安心看戏；黏液质的人很理解检票员的做法，并自我安慰"第一场戏总是不太精彩，先去小卖部买点吃的休息一下，等幕间休息再进去不迟"；抑郁质的人早就对自己的行为很后悔，认为这场戏不该看，进而想到"我运气不好，如果这场戏看下去，还不知要出什么麻烦呢！"于是，扭身回家去了。

气质是表现在人的活动的积极性、行为的敏捷性、情绪的兴奋性、适应环境的灵活性等几个方面。在判断一个人的气质类型时，并不是要把他归入某一种类型，而主要是观察和测定构成其气质类型的各种心理特征以及构成气质生理基础的高级神经活动的基本特性。

三、认识个性气质的意义

气质反映一个人的自然属性，只表明一个人心理活动的动力特征，不涉及心理活动的方向和内容，没有好坏之分，它不决定人的智力发展水平，也不决定人的性格、品德，更不能决定人的社会成就的大小。每一种气质类型都有积极和消极的方面。无论

第一章　了解个性　关注气质

属于哪一种气质类型，都可以通过发扬积极因素，克服消极因素，为社会做出一定的贡献。我们应当学会掌握和控制自己的气质和行为，发扬积极的一面，克服消极的一面，使自己成为具有优良个性品质的人。

有一种笑容叫无邪

首先，正确地认识气质，有利于科学地认识气质的职业适应性，为职业选择提供一定的理论依据。实践研究表明，某些气质类型为一个人从事某种工作或职业活动提供了可能性和有利条件，也就是说气质具有一定的职业适应性。例如，胆汁质、多血质的人环境适应能力较强，较易适应迅速灵活的工作；黏液质、抑郁质的人沉稳认真，则较易适应持久而细致的工作。因此，在选择职业时，应考虑气质特征的影响，以扬长避短，找到更适合个人气质特征的职业或工作。另外，由于不同的职业和工作对人的气质有着不同的要求，因此在选择和安置人员，尤其是在选拔和训练特种职业的工作人员时，应当特别注意个人的气质特征，并适当进行气质特征的测定。

其次，教师了解学生的气质特点，对于做好教育工作，培养学生的良好人格，具有重要意义。在少年儿童的成长过程中，教师的教育方式影响非常大。教师应当认识到每一个学生的气质都有优点和缺点，都有可能掌握好知识技能，形成优良的个性品质，成为有价值的社会成员。不能误解气质特点，把一些气质具有的容易分心、反应慢、操作精确性差等视为学习态度或能力水平的表现，而有可能采取不恰当的方式对待，从而不利于学生发展。了解气质特点对学习行为的具体影响，才能给学生适宜的指导和帮助。教师应依据学生不同的气质特征，采取不同的教育策略，利用其积极方面，塑造优良的人格品质，防止人格品质向消极方向发展。

同时，教师要善于指导学生认识和控制自己的气质。教师要有意识地帮助和指导学生分析和认识自己气质类型和特征的长处及短处，发扬积极品质，控制消极品质，帮助学生形成良好的个性品质，培养学生自我教育和自我控制的能力。

最后，了解自己的气质特征，有利于有针对性地科学培养良好人格。人的气质虽较为稳定，但仍然是可以改变的，我们要剖析和认识自身气质特征中的优点和不足，善于根据自己气质的优缺点，改善自己的气质。加强自我行为修养，不断进行自我探索，发展气质中积极面，成功地监控自己气质的发展。

如果你的气质类型倾向多血质类型，那你就得在组织纪律上严格要求自己的同时，保持热情。要着重培养自己朝气蓬勃、满

第一章　了解个性　关注气质

腔热情等个性品质，防止虎头蛇尾、粗心大意、任性等不良个性特点的产生。在发展自己多方面兴趣的同时，要培养中心兴趣。在参加多种活动的同时，要发展认真负责的精神和坚持性。

如果你的气质类型倾向胆汁质类，那你就得在发展其热情、豪放、爽朗、勇敢和主动的个性品质的同时，要自觉避免产生粗暴、任性、高傲等个性特点。要求自己自制、沉着、深思熟虑地回答问题，镇静、从容不迫地进行活动，努力培养自己在行为上和态度上的自制力，培养扎实的作风。

如果你的气质类型倾向黏液质类型，那你就要坚持诚恳待人、锻炼自己踏实顽强等品

漫画许三多

质，注意防止墨守成规、执拗、迟缓等品质。多多参加活动各种，激发自己积极情绪，注重积极探索新问题，培养自己生动活泼，机敏完成任务的行为品质。

如果你的气质类型倾向抑郁质类，你就要着重发展自己敏感、机智、认真细致、有自尊心、自信心等品质，防止怯懦、多疑、孤僻等消极心理特点的产生。要充分感受教师的关怀、帮助、称赞、嘉许、奖励等激励，发展自己个性。

如前所述，"个性"的内涵非常广阔丰富，它是人的心理倾向、心理过程的特点，个性心理特征，以及心理状态等多层次的

生命的气质与个性

有机综合的心理结构。在个性心理结构中，气质具有天赋性，是典型的、稳定的心理特征。气质是个体与生俱来的、稳定的心理特征，它是高级神经活动类型的外在表现。尽管就其外部表现而言，在环境和教育的影响下，随着自身修养的增强，特别是随着性格的成熟，气质也会有一定程度的改变，但这仅仅是外部表现的改变，使其内部产生质的改变是很难的。

因此，了解和掌握自己的气质类型的特点，有助于根据自己的气质类型，有的放矢，有针对性地培养自己良好品质，完善个性倾向性，形成能力、性格等个性心理特征，优化心理过程，塑造自己的人格，使自己成为身心健康、个性完善、具有成就、充满人格魅力的人。

第一章 了解个性 关注气质

轻松一刻：性格类型测试

下面的一组问题可以帮助你判断自己的性格属于哪一类型。每个问题有4个选项，在最符合你情况的选项后面打4分，其次打3分，再打2分，最不符合的打1分。

1. 我给别人留下的深刻印象可能是怎样的？

    a. 经验丰富

    b. 热情

    c. 灵敏

    d. 知识丰富

2. 当我按计划工作时，我希望这个计划是怎样的？

    a. 取得预期效果，不要浪费时间精力

    b. 有趣，并能和有关人一起进行

    c. 计划性强

    d. 能产生有价值的新成果

3. 我时间很宝贵，所以总是首先确定要做的事是否有如下特点

    a. 有无价值

    b. 能否使别人感到有兴趣

    c. 是否安排得当，按计划进行

    d. 是否考虑好了下一步计划

4. 对我来说，最满意的情况是怎样的？

   a. 比计划做得多

   b. 对别人有帮助

   c. 通过思考解决了一个问题

   d. 把一个想法和另一个想法联系起来了

5. 我喜欢别人把我看成是一个怎样的人？

   a. 能完成任务的人

   b. 充满热情和活力的人

   c. 办事胸有成竹的人

   d. 有远见卓识的人

6. 当别人对我无礼时，我往往作出怎样的反应？

   a. 立即表示出不快

   b. 心情不快，但能很快消除

   c. 谴责对方

   d. 不去理他，考虑自己的事

评析：

填好后，把所有问题中的4项的分数分别相加，计算出四个总分。总分最高的一项，就是你的性格类型。

如果a得分最高，你的性格类型属于敏感型；

如果b得分最高，你的性格类型属于情感型；

如果c得分最高，你的性格类型属于思考型；

如果d得分最高，你的性格类型属于想像型。

第二章　认识自我　接纳自己

"人贵有自知之明"。这是我们常常听到和谈及的话题。简单地说，就是每个人应该首先对自己要有充分的了解和认识。中学生正处在身心发展的关键时期，对外部世界充满着好奇心，但由于自身身心的特点，对自我的认识却往往不够客观和正确。那么，作为中学生的我们，应该如何客观认识自我呢？这正是我们在这一部分要阐释和探讨的内容。

第一节　自我认识概述

一、什么是自我认识

自我认识是人对自己及其外界关系的认识，也是认识自己和对待自己的统一。

自我认识是自我意识的认知成分。它是自我意识的首要成分，也是自我调节控制的心理基础，它又包括自我感觉、自我概念、自我观察、自我分析和自我评价。简单地说，就是要实实在在地感觉到自己肢体的存在及健康状况，并能够通过观察自己的一言一行，分析和评价自己言行的对与错，最后形成一个"我是什么样的一个人"的概念。而自我分析是在自我观察的基础上对自身状况的反思。自我评价是对自己能力、品德、行为等方面社

在这里，声音是一种奢望！如果是你，你还会埋怨命运的不公吗？

第二章 认识自我 接纳自己

会价值的评估，它最能代表一个人自我认识的水平。

比如，我对自己的认识是这样的："我是一个健康快乐的人"。那么通过体检及平时的生活表现，我了解自己身体状况很健康，同时我观察自己的言行，我乐观开朗，善于与人交流，热情大方喜欢帮助别人，并以此为乐，同时我也能够客观地看待自己的优缺点，并不断地完善自己。由此我给自己做了这样一个总结：我是一个健康快乐的人。我们每个人都可以以这样的方式去认识自我，这在以后的章节里我们还会做详细的阐释。

二、认识自我的重要性和必要性

想要了解这个问题，我们首先要从青少年的身心发展特点谈起。

对于处在青春期阶段的同学们来说，在生理变化上有一系列的特点，主要表现在身心发展的快速而不平衡。在青春期到来时，青少年在躯体和心理方法呈现快速的发展，身体急剧的生长和变化，肌肉、骨等组织全面地急剧成长。生殖系统的成熟，第二性征逐渐显露。

青少年身体素质发展阶段表

身体素质	发展最快年龄
平衡能力	6～18岁
反应速度	9～12岁
协调性	10～13岁

续表

身体素质	发展最快年龄
灵敏度	7～13岁
柔软性	12岁以前
速度	9～12岁、16～19岁
力量	13～17岁
耐力	13～16岁

心理特点：

1. 认知发展。青春期由于形成运算的出现而使思维完善，他摆脱了儿童时期的单一的具体运算和简单形象思维，进入抽象思维阶段。即已懂得试验、假说、推论这类形式化的思考，运用理论来推想因果关系，开始懂得处理复杂的信息或资料。他们学会自我批评，各个方面以成年人的标准要求自己，有能力听取他人意见，处理问题时能考虑更多的可能性，思维活动的数量和质量都有很大提高。

这种认知能力的发展，对中学生的学习、生活及其个性发展有着重要影响：①促进其学业进步；②开始与父母发生冲突；③对事物有一定的独立见解，尽管有些是偏激和不成熟的。

2. 性意识的觉醒。随着生理发展的急剧变化，心理开始萌动，在与异性同伴相处中，一些从来没有过的新的体验与感受开始产生神秘的骚动，使他们感到好奇、渴望，有时又是迷惑和害怕。

3. 不成熟的"成人感"。随着初中生自我意识的发展，自尊心与人格独立性也随之明显增强。他们不希望别人时时管教约束，否则会使他们产生逆反心情和对抗情绪。尽管他们的"成人感"日益增强，但由于社会经验不足，对社会问题及个人问题认识较肤浅，这使得他们对自我评价、对他人评价常常又是不成熟的，顺利时沾沾自喜、狂妄自大；挫折时，妄自菲薄、自卑自弃。

4. 学习成绩分化激烈，造成学生心理压力加大。初中生学习成绩波动很大，分化明显。初二年级是明显的分化期，学习优秀的学生能应付自如，学有余力；而学习较差的学生，穷于应付，越学越吃力。长期学习困难将会导致学生厌学、逃学、自卑自弃等一系列不良心理。

5. 同一性问题。同一性是个体对自己的本质、价值、信仰及一生趋势的一种相当一致和比较完满的意识。通俗地说就是个体在寻求"我是谁"这个问题的答案。青少年在同一性形成的过程中常常会出现一些不适应问题，表现在有的人对自我和自己的生活方式感到困惑，常伴有激动的情绪和解脱困境的尝试；有的人可能出现暂时的或长久的同一性混乱，即未能形成一种强烈的、清晰的同一感，他们无法发现自己。

经受过同一性混乱的青年，自我评价较低，道德推理不够成熟，难以承担责任，冲动而思维缺乏条理。可见，青少年的自我意识、与人交往、社会适应等方面的困扰都与同一性问题有关。

由于青少年学生正处于自我意识的形成与发展过程中，大致经历自我确认、自我评价与自我理想三个阶段，青少年时期则正处在自我评价即对自我价值的判断时期。随着生活实践的增加，与他人交往的频繁，青少年逐渐获得了有关成功与失败的体验，对自我价值这一概念的理解也逐渐明晰起来，能够根据一定的标准，评价自己的行为、动机、能力与情感，并开始按这一标准来自觉调节自己的行为。其结果是自主意识的提高，独立意识的增强。他们希望独立，希望摆脱老师和家长的关心和过细的要求，企图证实自己的存在与价值，这就是青少年所特有的所谓人生"心理抵抗期"。

处于这一心理时期的青少年，一方面有走向社会的强烈愿望，认为自己已经长大成人，再也不需要老师与家长在自己面前指手画脚，因而对家长和老师的教育与指导，采取不合作的态度。为显示自己的"独立性"，有的学生甚至采取一些"越轨"行为，以此引起社会的关注，证明其存在的价值。

但是在另一方面，他们还远未独立，他们的能力还没有强大到使自己足够脱离家长的照顾而独立地生活，还必须依赖于家长的抚养与保护。而且，在我国，目前青少年中绝大多数是独生子女，他们正赶上我国经济飞速发展、人民的生活水平迅速提高的时代。在物质生活品匮乏的年代里成长起来的父母们，不愿意自己的孩子重复自己生活艰苦的童年经历，千方百计地满足孩子的物质需求，孩子一出生就得到了父母与长辈过多的呵护与关心。但是，许多家长只重视对孩子物质需要的满足，而忽视了对子女的心理、品德与能力的培养。在他们成长的过程中,生存能力的训练经历过少,动手能力与生活自理能力很弱。这样就形成了这一代青少年智力与能力的巨大反差。

心理学的研究显示:中外同龄青少年相比较,智力水平相似。但是,在动手能力上,我国青少年却要差许多,这表明我国的青少年独立性较差。这样,渴望独立与远远不能独立就成了我国青少年心理发育过程的一对矛盾。这一矛盾对他们的心理产生着深远的影响,造成了青少年心理上的躁动与不安。这一时期,既是人生中的多梦时节,又是人生中最感到迷茫的时期。可见,对于青少年学生对自己进行充分的了解,客观地认识和把握自己显得格外重要和必要,他为设计自我的认识,不断地培养和完善自我搭建认知平台。

三、认识自我的现实性及可能性

生命的气质与个性

青少年时期是人生中幻想、希望最多的阶段。为将这些幻想与希望变成现实，他们会付出努力与追求。加之现实社会发展对个体素质要求的不断提高，青少年要实现自我价值，成为社会所认可的有用的人，首先就必须对自己有一个客观充分的认识。

另外，青少年时期是人的一生中好奇心最强的时期，青少年对神奇的外部世界有着极大的兴趣，他们渴望了解自己身边的人、事、物，试图探究各种现象的原因，对无数个需要解释的疑问，他们往往要打破砂锅问到底。走进学校以后，学习又给他们开辟了一个新的天地，许多问题得到了解答，但是又产生了更大的好奇。这些都增加了青少年学习的兴趣，激发了他们的学习热情。

俗话说"兴趣是最好的老师"，对青少年来说，学习的兴趣在很大程度上是他们学习的重要推动力量。这又为青少年认识自我提供了可能性。

第二章 认识自我 接纳自己

轻松一刻：奋斗不息的弗洛伊德

西格蒙德·弗洛伊德于1856年出生在弗赖贝格市，该市现在位于捷克斯洛伐克，当时是奥地利帝国的一部分。他4岁时全家迁居到维也纳，他的一生几乎都是在那里度过的。

弗洛伊德读书时就是一个出类拔萃的学生，1881年他在维也纳大学获得医学学位。在随后的10年中，他在一个精神病诊所行医，个人开业治疗神经病，同时致力于生理学的研究。

弗洛伊德

弗洛伊德的心理学思想是逐渐发展起来的。直到1895年才出版了他的第一部论著《歇斯底里论文集》；他的第二部论著《梦的解析》于1900年问世，这是他最有创造性、最有意义的论著之一。虽然该书开始非常滞销，但是却大大地提高了他的声望，他的其他重要论著也相继问世。1908年，弗洛伊德在美国做了一系列演讲，当时他已是一位知名人士了。1902年，他在维也纳组织了一个心理学研究小组，艾尔弗雷德·阿德勒就是其中的最早成员之一，几年以后卡尔·容也加入了这个行列，两个人后来都成了名副其实的世界著名心理学家。

弗洛伊德结过婚，有6个孩子。他晚年患了颌癌，为了解除病根，他从1932年起先后做过30多次手术。尽管如此，他仍然工作不息，继续写出了一些重要论著。1938年纳粹分子入侵奥地利，由于弗洛伊德是犹太人，因此他不顾82岁高龄逃往伦敦，翌年在那里不幸去世。

弗洛伊德对心理学做出了很大贡献，用简短的文字很难加以概括。他强调人的行为中的无意识思维过程极为重要。他证明了这样的过程如何影响梦的内容，如何造成常见的不幸，如口误，忘记人名，致伤的事故，甚至疾病。

弗洛伊德创造了用精神分析来治疗精神病的方法。他系统地论述了人的个性结构学说，还发展和普及了一些心理学学说，如有关焦虑、防御功能、阉割情绪、抑制和升华等，在此不必一一列及。

弗洛伊德最为世人所知也许是由于他提出了受抑制的性爱会经常引起精神病或神经病这一学说（实际上这个学说并不是由弗洛伊德创立的，虽然他的著作为普及这个学说做出了许多贡献）。他还指出，性爱和性欲始于早期儿童时期而不是成年时期。

尽管对弗洛伊德的学说一直存在着争论，他仍不愧为是人类思想史上的一位极其伟大的人物。

第二节　正确认识，接纳自己

我们应从以下几方面入手来正确地认识自我：

一、需要

需要是有机体感到某种缺乏而力求获得满足的心理倾向，它是有机体自身和外部生活条件的要求在头脑中的反映。马斯洛是美国的一名心理学家。他所提出的马斯洛需求层次理论将人的需要是由低到高分为：

1. 生理的需要
2. 安全的需要
3. 归属和爱的需要
4. 尊重的需要
5. 自我实现的需要

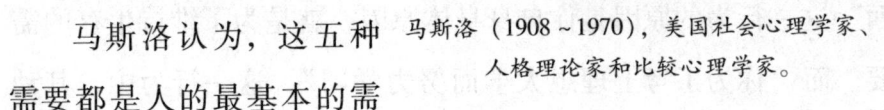

马斯洛认为，这五种需要都是人的最基本的需

马斯洛（1908～1970），美国社会心理学家、人格理论家和比较心理学家。

要。这些需要都是天生的、与生俱来的，它们构成不同的等级或水平，并成为激励和指引个体行为的力量。并且需要的层次越低，它的力量越强，潜力越大。随着需要层次的上升，需要的力量相应减弱。在高级需要出现之前，必须先满足低级需要。

对于我们青少年，首先你就要了解自己有什么样的需要。我们的需要是多方面、多层次的。通常而言，生理上一个起码的温饱需要，当然家庭条件好的还会有更高的生活品质的需要；其次，由于生理年龄的特点，有渴望得到爱护的需要，比如父母、长辈、老师的爱护，也就是我们常常说的安全感；再次，有对结构完整的家的需要，也就是需要一个稳定的归宿。同时，渴望爱与被爱，有自己的喜好，有对家长、师长、同伴，包括异性等爱的自由的权利，也渴望得到他们的爱；第四，有强烈的自尊心，渴望得到他人的理解和尊重；最后，也就是一个人人生价值的最终目标，实现自己的理想和愿望，得到他人和社会的认可。

二、动机

动机是推动人从事某种活动，并朝一个方向前进的内部动力，是为实现一定目的而行动的原因。简单地说，便是自己所做的一切事情的真正的原因。动机是个体的内在过程，行为是这种内在过程的表现。比如，你很饿，吃东西，那么造成你"吃东西"这一行为的原因是你自身身体原因，就是为了维持生存的需要。而"你为了考上理想大学而努力学习"，这一行为中，其动机可能有很多，而且原因中也会有主有次，一是为了自身的梦想，实现自己的价值；二是迫于外在的压力，如父母，同伴，就业压力等等。所以不同的活动其动机也会有所不同。

动机的种类：

1. 根据动机的性质：生理性动机和社会性动机。生理性动机有：饥饿、渴、性、睡眠。社会性动机有：兴趣、成就动机、权力动机、交往动机。

2. 根据学习在动机形成和发展中的作用分：原始动机和习得动机。

3. 根据动机的意识水平分：有意识动机和无意识动机。

4. 根据动机的来源分：外在动机和内在动机。

作为青少年，应该对自己行为背后的原因做出客观的分析，以便及时调整自己行动的方式方法，使自己的目标向着正确的方向发展。比如在与人交往的过程中，你可能起初是因为对方学习好，想利用对方提高自己的成绩，而并非真正想跟他交朋友。但是，如果你能认真分析一下自己的动机，及其产生的后果，你可能就会改变自己原有的动机。因为你利用朋友的事情迟早会让人察觉，这样一来，尽管可能你的成绩提高了，但对方或者更多的同伴会因此疏远你孤立你，其结果你不仅失去了很多朋友及其他人对你的信任，同时你也成为一个"伪君子"。

相反，如果你能及时分析并调整自己的动机，那么其结果则皆大欢喜：一是你的成绩提高了；二是你还因此而获得了一个在知识上、人品上均十分理想的好朋友好知己，也将有益于你终生。可想而知，得与失、利与弊，仅仅因为自己的动机不同而失之千里。

三、价值观

价值观是社会成员用来评价行为、事物以及从各种可能的目标中选择自己合意目标的准则。价值观通过人们的行为取向及对事物的评价、态度反映出来，是世界观的核心，是驱使人们行为的内部动力。它支配和调节一切社会行为，涉及社会生活的各个领域。

价值观具有相对的稳定性和持久性。在特定的时间、地点条件下，人们的价值观总是相对稳定和持久的。比如，对某种事物的好坏总有一个看法和评价，在条件不变的情况下，这种看法不会改变。但是，随着人们的经济地位的改变，以及人生观和世界观的改变，这种价值观也会随之改变。这就是说，价值观也处于发展变化之中。

价值观取决于人生观和世界观。一个人的价值观是从出生开始，在家庭和社会的影响下，逐步形成的。一个人所处的社会生产方式及其所处的经济地位，对其价值观的形成有决定性的影响。当然，报刊、电视和广播等宣传的观点以及父母、老师、朋友和公众名人的观点与行为，对一个人的价值观也有不可忽视的作用。

通俗地讲，价值观就是每个人根据自己的知识水平和需求，对人和事的不同观点和看法。青少年时期是身体发育十分迅猛的阶段，同时也是心理、心智发展特别重要的阶段。在这一阶段，他们会从简单的、没有目的的梦想，到有计划、有价值的理想过度，很多人今后一生的追求及从事的职业都跟青少年时期的梦想或理想分不开，他们在那一阶段便开始对人、对事情、对这个社

第二章 认识自我 接纳自己

会有了自己的看法和认识，并在此基础上确立自己的奋斗目标，做好将来要成为怎样一类人物的准备，也就是我们常常说的，形成了自己的价值观。

但是，处于青少年时期的孩子，由于心智发育的不成熟，其价值观的形成往往会受外界社会的影响，并且常常会变化无常，甚至形成错误的价值观念，但如果能及时发觉并得到正确的引导，也可以"化险为夷"。

价值

有这样一名初一学生，他的父母是做生意的。在父母的影响下，他立志长大后要成为一名商人。在他看来，只要能挣钱，比什么都强，小小年纪就特别现实，凡事都用钱去"摆平"，对人对事也极其冷漠。在学习上，他只喜欢学数学，口算能力很强，用他的观点来说，要当商人数学是基础，而其他学科便"一塌糊涂"。班主任老师在得知这种情况以后，多次找他谈心，告之要想成为一名出色的商人，除了要学好数学这门基础外，还要有起码的文化知识、做人的常识等等。

逐渐地，他对自己的认识进行了调整，兼顾了其他方面的学习。大专毕业后，他直接回家帮助父亲经营自己家的生意。后来，他的父母都成他的"助手"。现在的他，不仅计划着开分店，走出自己的特色，还帮助了许多家境困难的同学完成学业。

生命的气质与个性

喜欢钱不是错,关键在于能"取之有道,用之有度"。是什么改变并影响着这位同学的人生?道理很简单,关键在于如何正确看待事物,对自己的整个人生有一个客观的认识,也就是要有一个正确的价值观,并为之努力奋斗。

四、能力

能力指人顺利完成某种活动的一种心理特征(特性)。能力总是和人完成一定的活动相联系在一起的。离开了具体活动既不能表现人的能力,也不能发展人的能力。但是,我们不能认为凡是与活动有关的,并在活动中表现出来的所有心理特征都是能力。只有那些完成活动所必需的直接影响活动效率的,并能使活动顺利进行的心理特征才是能力。

通常能力有四种分类:
1. 模仿能力和创造能力
2. 流体能力和晶体能力
3. 一般能力和特殊能力
4. 认知能力、操作能力和社交能力

每个人的能力及其大小都是不一样的,它除了受遗传因素的影响外,更重要的是受后天教育和学习影响,并在具体的活动中得以验证。

与他人沟通的能力

第二章 认识自我 接纳自己

所以我们会发现自己的某些能力很强，而有的能力却较弱。比如，有的同学文科好，理科弱，其语言表达能力、形象思维能力较强，而逻辑推理能力却较弱。又比如，有的同学模仿能力很强，什么东西一学一模仿就会很逼真，但要他独立完成一件他从没做过的事情，那就比较难了。还比如，有的同学很善于交际，在人际交往过程中可以说是如鱼得水，人缘很好，朋友也很多，可相反有的同学却不善于与人交往，不主动与人交流，甚至害怕与人交往。严重的还会因此出现一系列的心理问题，如交往恐惧症等。

有这样一位同学，学习非常努力，在课堂上认真听讲，把老师讲的所有东西都做了详细的笔记，严格按照老师的要求去做，把大量的时间和精力花费在学习上，可是成绩却一直上不去，为此，他十分苦恼，常常自责，骂自己笨，甚至还做出自残的行为。

对此，心理咨询室的老师及时给予了他帮助，同他一起分析原因，结果才知道，他的学习方法很不恰当，以为只要时间用得多，题做得多就一定能取得好成绩，但因为学习时间过长，精力不足，效率不高，而且每完成一套题目，也不去深究其中的对与错，便抛在一边，结果，以前做错的，在以后做同样的题目时仍然重复出错。这样一来，自己的信心就不断受打击。久而久之，便失去了自信心，把失败的原因归结为自己智力有问题。但实际上并非如此，而是他学习中的归纳、整理、反思、消化等能力的不足。经过这样的分析，他对自己的能力有了较为清楚的认识，在后来的学习中进步很快。

我们要善于分析，并认清自己真实能力的大小，根据自己的能力特点和优势来发展和培养自己，这样才使自己的能力得以真正发挥，个人价值才得以真正实现。

五、气质

气质是个人生来就有的心理活动的动力特征，表现在心理活动的强度、灵活性与指向性等方面的一种稳定的心理特征，具有明显的天赋性，基本上取决于个体的遗传因素。

俄国生理学家巴甫洛夫根据神经过程的基本特性（强度、平衡性和灵活性）的不同结合，把人的高级神经活动分为4种典型的类型，即活泼型、不可抑制型、安静型、抑制型，分别与希波克拉特的四种气质类型相对应。

巴甫洛夫

在我们的学习生活中，所从事的每一项活动都无不体现出我们独特的气质。我们会看到有的人天生就属于安静型的人，不喜欢张扬，对人、对事都显得很平静，不容易激动。这类人心态很平和，不喜欢竞争，但做事情就会显得没有激情，也缺乏果断的决策能力。

而有的人为人处世就显得很灵活，与人交往积极主动热情，喜欢表现自己，精力充沛，但往往给人一种"圆滑"的感觉，而且做事往往有始无终，这类人则一般属于活泼型的。

还有的人做事往往意气用事，不能克制自己，容易冲动，脾气暴躁，但这类人也有自己的优点，讲义气，做事情果断干练，这类人一般就属于不可抑制型的。

当然，还有一类人属于抑制型的，这类人缺乏自信心，凡事都往坏处想，把所有的失败或不顺都归结于自身的原因，比如有这样一位同学，在放学路上看到自己的任课老师，主动打招呼，可是因为老师的疏忽没有答应，于是自己便开始胡思乱想，把老师没有搭理他的原因归结为自己成绩不怎么样，长的不够帅等等。于是成天想着这件事情，为此伤心难过，甚至还责怪父母为什么不把自己生得好看一些，而实际上仅仅是因为老师没有听见而已，把极其单纯的一件事情复杂化了。

但另一方面，这类气质的人安静、内省，情感体验深刻，同时创造力也很强，适合于艺术创作，古今中外很多艺术家、文学家都属于这种气质类型。

一般而言，每个人都不是单纯的属于一种气质类型，往往是两种及以上的综合体，所以只要我们认真观察和分析自己或他人的言行，就不难发现有的时候自己很容易冲动，而有的时候却异常的平和。

那么，我们如何才能正确判定自己的气质类型呢？首先，我们可以从父辈那里寻到根源。我们常常听到这样的说法："气质是天生的，是人骨子里透出来的"。可见，它跟人的遗传有着直接的关系。一般而言，与其直系亲属都有或多或少的联系，有的人外现的气质倾向于父亲，有的人像母亲，有的还会像父母的兄弟姐妹，还有的会隔代遗传，像爷爷奶奶等，而有的则各取一些特点，但不管怎么样，基本上都与遗传分不开。还有，就是可以进行专业的气质测试。在正确了解了自己的气质类型后，便可在生活实践中不断完善自己的气质了。

六、性格

性格指一个人对人、对己、对事物（客观现实）的基本态度及相适应的习惯化的行为方式中比较稳定的独特的心理特征的综合。气质无好坏、对错之分，而性格有。

性格也可以简单地理解为一个人的"德性"，就是由于在长期的生活实践中所养成的一种说话行事的习惯。比如我们常说，某某性格内向，因为他所表现出来的行为方式就是少言寡语，独来独往，这种性格可能与他自身的气质有一定的关系，但更多的可能与其生活背景和经历有关。比如有的人经历家庭的大变故之后，原本开朗活泼的性格因此变得内向甚至抑郁了。又比如我们常常说某某人性格暴躁，遇事不顾后果，动不动就用武力解决，这主要是因为从小他就生活在父亲对他和妈

第二章　认识自我　接纳自己

妈的暴力阴影之下，这对他性格的形成有直接的关系。但我们有时候还会说某某人性格很好，对人热情对事认真，善于处理各种关系，同时还能调节好自身的不足，可能他的这种性格与他的气质并没有多大的关系，只是他在面对现实生活的时候善于完善自己。

帮助

有这样一位学生，在他很小的时候父母便离异，他跟爸爸和奶奶一起生活，可爸爸却是一个不学无术，对社会充满敌意，对老人不孝，对子女不问不顾，性格暴躁的人。后来他爸爸再娶，后妈带来一个比他大几岁的姐姐，于是他们的家庭关系变得十分复杂，矛盾重重，爸爸与奶奶的矛盾，他与爸爸的矛盾，他与新妈妈和新姐姐的矛盾以及他爸爸与新妈妈还经常发生矛盾，整个家经常闹得乌烟瘴气。可是他在家里所表现的并不是与家人发生争执，而是唯一的协调者，他想靠自己的努力让自己的家变得很温暖。尽管很多时候都是徒劳无功，但他从来没有放弃过。所以他在学习上也特别努力，一直保持着很好的成绩，他希望自己出息了，能够改变这个家庭的现状。同时，在学校里，他是同学们学习的榜样，也是老师的好帮手。不知道内情的人很难想像他生活在一个怎样的环境里，可是他给人的印象却是活泼开朗，乐于助人，成绩优异，孝顺懂事，是一个身心健康的孩子。

可见，人的性格除了受所处的环境的影响之外，更重要的在于自身去磨炼意志品质，做事有目标，找准方向，分清是非对错。

七、正视优点与不足

"金无足赤，人无完人"，这是我们常常挂在嘴边的一句话。意思是说：人不是完美无缺的，都有自己的优点和缺点。但是只知道道理还不行，必须得认真分析自我，了解自身的优势和不足，以便更准确地认识自我，更好地设计自我，培养和完善自我奠定基础。

那么，我们该如何认识自己的优缺点呢？下面，我们仅从青少年这一年龄段可能存在的优势和不足的共性做简要的说明，在认识自身特点的同时，了解一下当代青少年在新环境中，性格存在的共性。每个人可以参考这些在个人特点的基础上做深入的挖掘，并以为检查和反思自我。

第二章 认识自我 接纳自己

● **了解优点**

1. 乐观、自我追求的一代

每一代人都有自己的价值取向和人生定位。我们青少年这一代属于新人类，到出生于20世纪90年代以后，是最淡漠理想，也是最注重个性的一代，在我国称之为独生子女的一代。他们没有太多的传统文化的记忆，没有刻骨铭心的政治和历史负累。自懂事起，他们就生活在一切靠自己奋斗的社会。与前辈比，他们摆脱了旧体制的束缚，获得了更大的自由发展的空间，但也承受谋生就业的风险与压力。他们敢于舍弃稳定，选择漂泊，视野更广阔，思维更活跃，信息更丰富，生活更多彩。

在这里，拥有双手是一种奢望！

他们没有父辈那种强烈的进入社会主流的欲望，但却紧紧追逐时尚潮流。他们很愿意与众不同，引人注目。他们不喜欢忧国忧民，成长在一个社会加速发展的时代，没有经历过危机和灾难，却更多分享着改革开放带来的成果。因此，他们喜欢把一些局部的毛病理解为全局性的问题，对社会的看法通常也较为积极，对时代的估计也比老一辈乐观。总之，他们更喜欢追求一些具体目标，如生活方式、生活质量、时间支配、个人兴趣和自由度等。

生命的气质与个性

2. 重视物质和精神的一代

由于生活条件的不断完善，现在的孩子对经济保障的强调逐渐减弱，而归属、自我尊重和个体自我实现却变得愈来愈重要。这也成为现代孩子的一种价值取向。他们渴望成功，在强调个人价值、做自己想做的事情、命运由自己主宰、个性洒脱、崇尚金钱而又不崇拜金钱等方面具有独特的意识。他们已经成为当代各种时尚潮流的代言人。他们在闲暇的时间中更乐意关注自己感兴趣的东西，社会交往行为讲究互帮互利的原则，较为手段更趋于信息化、现代化。

当你认为学习是一种负担时，那她呢？

3. 叛逆和认同的一代

作为一个新人类，他们没有共同的豪言壮语，没有标语口号，只有各自的喜欢发型、五花八门的服饰和不加掩饰的神情。他们反抗叛逆只是象征。与前几代人相比，如今的青少年拥有更多的自由、金钱和时间，生活方式也远比从前开放。但他们在价值观上有一个惊人的相似，就是对家庭、工作在生活中的重要性的认识的一致。他们将生活质量与自我实现的追求，与对社会的认同和谐地结合在一起。主要表现在以下方面：

①追求自我实现并保障自身利益已经成为青少年的生活观念

和行为选择。

②热心公益事务，注重环境保护，愿意帮助弱者。作为独生子女一代的青少年在参加社会活动上，往往比成年人热心，他们常常带动家长参加一些社会公益事业。他们也比成年人和前一代人更容易接受环保意识。他们热心参与希望工程、扶贫助困、志愿服务工作。比如2008年，北京奥运会大批的志愿者都来自我们的青少年。甚至，在2008年中国四川的5.12汶川大地震中也涌现出一大批英雄少年。这都是值得我们整个民族自豪和骄傲的事情。

③追求三高，即高学历、高收入、高职位。当代青少年的教育需求越来越高，有调查表明，中国76%的学生表示自己想上大学。另外，据中国青少年研究中心和北京市青少年研究会1998年的一项统计，94.3%的北京青少年希望自己学历在大专以上；25.6%的希望自己将来当博士后；91.2%的参加工作后仍继续学习。同时在职业的选择上，他们也往往将高收入放在第一位，在把高职位作为奋斗的最终目标。

4. 值得我们学习的一代，同时也是需要社会引导的一代

当代的青少年具有鲜明的个性特征，有着老一辈和前几辈所没有的优点，很多地方值得我们学习和借鉴。但同时，由于受青少年年龄段身心特点的约束，导致他们又有这样或那样的不足，需要我们及时的引导。

- 正视缺点

1. 缺乏坚忍不拔的毅力和抗挫折能力，心理素质水平较低

生命的气质与个性

这一代青少年的生活条件明显改善，再加上是独生子女，从小受到关爱、爱护，他们很难有艰辛生活的体验和锻炼；同时应试教育和望子成龙的重压，又使他们的生活空间难以扩展，这使得他们心理比较脆弱，在面临困难时缺乏一种艰苦的勇气和必要的忍耐力。

2. 早熟和自我中心主义

大多数新人类表现出了较为强烈的攻击性，喜欢公开批评他人，情绪波动大等等，加上独生子女长期生活在成人堆里，大人之间的礼尚往来、人情世故，他们从小就耳濡目染，从而表现出一种与他们年龄不相匹配的老成世故与早熟。

如果你以为勤苦，那他呢？

3. 勤俭节约、生活劳动能力和劳动习惯方面存在一定的缺陷

青少年的自立和独立生活能力差已被大量事实所证明。现在的孩子依赖性强，表现出某种生理退化的现象。据有关调查显示，20.4%的人缺乏生活自理能力，28%的人很少帮助家里

第二章 认识自我 接纳自己

干活。

4. 人际交往上习惯一种使用功利，互相交换的平等交际

由于受多元文化的影响，青少年容易不再珍惜天长地久的友谊，而是习惯于人与人之间的一种临时性关系。如今的青少年只见过几次面，就可算是老朋友了，QQ聊天代替了谈心，有的还谈起了网恋，一些犯罪分子也就抓住了这样的心理，搞网络诈骗。打电话代替了书信交流，同学间的交往越来越没有深度，越来越没有耐心。过去友情、故居、书信作为一种精神需要，而今的这些在青少年眼里，却像吃饭、睡觉一样仅仅成为一种日常生活需要，就像他们喜欢喝易拉罐饮料、吃肯德基快餐一样，过程被压缩了，他们追求的是付出后的即刻回报。

青少年正处在价值观形成的关键时期，他们的经验与阅历使得他们面对纷繁的社会现实，面对多元的经济体制、多元的价值观念、多元的榜样、多元的信息难以选择。因此，作为青少年的你们要正确认识自我，就要学会发现自己的优点。同时，也要正确看待自己的缺点，每个人都有缺点，人首先要学会正视自己的

数码天地

生命的气质与个性

缺点，学会接纳自己的缺点，承认自己的缺点，才能更好地接受自己，对于经过努力可以克服的缺点和不足，要树立信心，并找到切实可行的方法，克服缺点或者把缺点转化成优点。对于有些无法改变或难以改变的缺点，如生理缺陷，应该学会以积极的心态去面对。

　　从各方面深入的分析自己，正确的认识自己，才能扬长避短，处分地发挥自己的特长，实现自我价值。

第二章　认识自我　接纳自己

轻松一刻：接纳并肯定自己

有一个叫黄美廉的女孩，从小就患上了脑性麻痹症。这种病的症状十分惊人，因为肢体失去平衡感，手足会时常乱动，口里也会经常念叨着模糊不清的词语，模样十分怪异。医生根据她的情况，判定她活不过6岁。在常人看来，她已失去了语言表达能力与正常的生活能力，更别谈什么前途与幸福。但她却坚强地活了下来，而且靠顽强的意志和毅力，考上了美国著名的加州大学，并获得了艺术博士学位。她靠手中的画笔，还有很好的听力，抒发着自己的情感。

自信的我们

在一次讲演会上，一位学生贸然地这样提问："黄博士，你从小就长成这个样子，请问你怎么看你自己？你有过怨恨吗？"在场的人都暗暗责怪这个学生的不敬，但黄美廉却没有半点不高兴，她十分坦然地在黑板上写下了这么几行字：

一、我好可爱。

二、我的腿很长很美。

三、爸爸妈妈那么爱我。

四、我会画画，我会写稿。

生命的气质与个性

五、我有一只可爱的猫。

……

最后，她以一句话作结论："我只看我所有的，不看我所没有的！"

读了上面的这个故事，我们都会深深地被黄美廉那种不向命运屈服、热爱生命的精神所感动。是啊，要想使自己的人生变得有价值，就必须要经受住磨难的考验；要想使自己活得快乐，就必须要接受和肯定自己。

第二章　认识自我　接纳自己

第三节　科学评价，把握自我

在认识自我的基础上，还要对自我进行评价，也就是认识之后对自己的一个终结性的结论，即"我是谁？""我是怎样的一个人？"等问题。有的同学能够认识到自身的身心特点，但却不能正确、客观地做出评价。这就需要我们了解正确地评价自己的途径及方法。

一、从自我评价开始

认识自我是对自己的洞察和理解，包括自我观察和自我评价。而自我评价是个人对自己身心特征的判断和评论。其重要作用在于"人贵有自知之明"。

不同的自我评价就会影响不同的行为表现，因此，正确客观地评价自我对青少年认识自我十分必要，可以通过以下的途径形成自我评价：社会上他人对自己的态度与评价；与其他人的比较；个人对自己的心理活动的特点分析。具体而言，可以有以下的方法：

回顾经历　通过回顾小时候的经历，借鉴成功与失败的经验教训，发现自己的个性特点。因为成功与挫折最能反映个人在性格、能力等方面的优点和劣势，这样就能更好地把握自己，扬长避短，在人生的道路上迈上一个新台阶。

生命的气质与个性

比较 即以人为镜，在比较中认识自己。通过与同龄伙伴在个性、能力、与人交往的态度、情感表达方式等方面进行比较，找出自己的特点，确定自己的同龄群体中的位置，进一步认识自己。比较中要注意比较对象的选择，要寻找适合自己实际情况的、和自己多方面条件相近的人进行比较，才能比较客观、公正地评价自己，认识自己。

他人评价 "他人"包括同学、朋友、老师、家长等对自己的看法。通过他们对自己的评价来完善自我评价。他人评价比主观评价有更大的客观性。在现实生活中，青少年常常通过同龄伙伴的评价来认识、评价自己，也注意周围人对自己的认识、评价。经常容易犯的错误是根据自己的心理需要，只接受某些方面的评价，比如有的人只听得赞美的话，听不得不同的评价或建议。另外，对他人的评价也要注意完整性，"兼听则明，偏听则暗"，要注意片面的，或者是以偏概全的评价，只有这样才能恰如其分地认识和评价自己。

自省 自省也就是自我反省，它是一种自我体验。在实际生活、学习、工作中，人们往往通过反思和自我体验来认识自己的个性特长、能力以及自己的优缺点。自省实质上也是一个正视自己、反思自己、认识新我、发现新我、促进自身发展的过程。

一些科学的测验 通过科学化的测试，可以帮助青少年了解自己未知的、别人未知的部分。比如心理测验就可以帮助青少年了解自己的性格、气质、价值观、职业兴趣与爱好等。当然心理测验有其局限性，它只是帮助青少年了解自己的工具，因此既不要完全依赖其测试结果，也不必不屑一顾，做心理测验必须要有专业的心理咨询人员来解释结果，对青少年才会有帮助。

二、重视同伴的看法

同伴

其实同伴评价属于他人评价中的一部分，对现在的青少年来讲，他们最信任的不是自己的父母，也不是老师，而是自己的同伴。他们特别在意自己在同伴中的形象，常常把自己的烦恼和痛苦告诉同伴，需求同伴的帮助，把自己的快乐和喜悦与同伴一起分享。但是，由于他们同在一个年龄段，有着共同的心理和生理上所凸现出来的缺点或不足，看待人和物往往会局限在自己的世界里，难免有失公允。因此，同伴评价也只能作为评价自我的一个参考。

三、倾听师长的建议

师长是青少年的引领者，他们担负着教育和引导孩子们的艰巨任务，所以师长对青少年的评价更具有科学性和方向性。

首先，家长作为孩子的监护人，除了为孩子提供衣食住行的生活必需之外，更重要的是教育和规范自己的孩子，对自己的孩子应该有一个全面的认识，根据他在家所表现的行为作出客观公正的评价，并指导他们应该怎么做会更好。比如，家长给孩子这样的评价："你是一个不怎么懂得珍惜劳动成果的人。如果你能爱惜妈妈刚拖过的地板，如果你不随便倒掉碗里的饭菜，那你就更不错了。"孩子从这样的评价中知道是哪些具体的行为导致自己成为一个不懂得珍惜劳动成果的人，可能在以后的生活中便会有所改变，甚至为成为一个十分爱劳动和尊重劳动人民的人。

而老师作为"传道授业解惑者"，除了教授他们基本的文化知识，更重要的是教会他们如何做人。因此，教师应该站在一定的高度，给予孩子一些科学的、对他们有实际帮助意义的评价，让他们找到自己行动的方向。比如，一位老师为一个成绩很差的学生作出这样的评价："甲同学，你是一个有爱心的孩子，因为

第二章 认识自我 接纳自己

你在乙同学的家庭遇到困难的时候及时伸出了援助之手。那么我希望其他同学能够像甲同学帮助他人一样，也来帮助甲同学提高一下他的学习成绩。"这样的评价非常实在，既让孩子知道了自己是什么样的人，又让他知道了什么样的行动才能体现这样的品质。同时也给了这个孩子一个暗示——你很不错，如果再加把劲儿，学习就更好了。这样的评价可能会影响孩子的一生。

当然，老师由于受年龄、时代以及传统观念的影响，与孩子之间会存在一些代沟，对现阶段的青少年的喜好、个性特点等缺乏深入的了解和认识，给予孩子的评价就难免出现偏颇，往往被孩子们认为是"不公平""偏心"等，例如老师眼里学习成绩好，听话的孩子就是好孩子，反之则是坏孩子。还有，同样是"上课接嘴插话"，对"好孩子"就会这样评价："思维很活跃，反映很快"，而"坏孩子"则评价为"你就知道捣乱，难怪成绩上不去"。这样的一正一反的评价就显得有失公平，"好孩子"会十分得意，行为得到老师认可，可能以后会更加肆无忌惮，容易养成自以为是，目中无人的个性，不利于成长；而"坏孩子"则要么会因此自卑，要么因此"破罐子破摔"，当然也有个别的孩子因此激发了自身斗志而发奋学习，最后成功了。

因此，对于师长的评价，作为青少年的我们应该全面的看待，吸其精华，去其糟粕，正确的指导自我的评价。

四、综合广泛意见

除了同伴、师长对我们的评价之外，还有社会对我们的评价，也就是我们在每一个实践活动中所体现出来的好与坏，社会就其结果做一个反馈和评论，这样的评价一般是通过社会舆论呈现的。比如，你参加社区帮助孤寡老人的活动，在活动中表现十分积极，而且不怕脏、不怕累，长期坚持。这样一来，凡是社区周围的人都会给予你这样的称赞："你是一个乐于助人的好孩子！"，这就是对你的评价，对你付出的认可。当然，还有的会以组织的形式给你以书面的表扬，或者是受助者个人向你当面道谢、送锦旗等等。

这类评价仅仅是就事论事，不排除有的孩子是为了达到某种个人利益而采取的举动。因此，对于社会评价还需要更广泛的调研取证。但不管怎样，这类社会评价可以作为指导我们行为方向的一面镜子，做得好的可以激励他做得更好。做得不好的、动机不纯的，可以通过舆论的压力加以完善和改正。这是评价自我中不可缺少的一部分。

下面，我们假设一天8节课（可以自己根据实际情况做调

第二章 认识自我 接纳自己

整），以"课堂学习中的言行的综合评价"为例，制定了一张表格，这张表格适用于自我评价，他人评价。见下表：

	课时节数 行为表现	上午					下午			总计 （次数）	自我反省或 他人建议
		1	2	3	4	5	6	7	8		
抗拒行为	1. 敌对										
	2. 沉默、退缩										
	3. 自以为是、自大										
	4. 吵闹、不守纪律										
	5. 开玩笑										
	6. 管家婆（插嘴、接话等）										
	7. 缺席										
操纵行为	8. 爱讲无关的话										
	9. 成为评比指责的目标										
	10. 依赖、屈从、附和别人										
	11. 指责、语言攻击老师或同学										
协助行为	12. 倾听										
	13. 遵照要求活动										
	14. 在活动中起带头或领导作用										
	15. 活动中自我开放、自由发挥										
总评	自我评价/他人评价：										
	自我反省或他人建议，提出改进措施：										

生命的气质与个性

轻松一刻：认识自我的名言警句

列举一些关于正确认识自我的名言警句，供同学们学习：

1. 恢弘志士之气，不宜妄自菲薄。　　　　　　　　——诸葛亮

2. 自卑虽是与骄傲反对，但实际却与骄傲最为接近。

——斯宾诺莎

3. 我首先要求诸君信任科学，相信理性，信任自己，并相信自己。　　　　　　　　　　　　　　　　　　　　——黑格尔

4. 无论是别人在跟前或者自己单独的时候，都不要做一点卑劣的事情：最要紧的是自尊。　　　　　　　　　——毕达哥拉斯

5. 礼仪不良有两种：第一种是忸怩羞怯；第二种是行为不检点和轻慢。要避免这两种情形，就只有好好地遵守下面这条规则，就是不要看不起自己，也不要看不起别人。——约翰·洛克

6. 好说己长便是短，自知己短便是长。　　——申居郧

7. 尺有所短；寸有所长。物有所不足；智有所不明。

——屈原

8. 伟大的人是决不会滥用他们的优点的，他们看出他们超过别人的地方，并且意识到这一点，然而绝不会因此就不谦虚。他们的过人之处越多，他们越认识到他们的不足。　　——卢梭

第二章 认识自我 接纳自己

9. 无论在什么时候，永远不要以为自己已经知道了一切。不管人们把你们评价的多么高，但你们永远要有勇气对自己说：我是个毫无所知的人。

——巴甫洛夫

10. 任何人都应该有自尊心、自信心、独立性，不然就是奴才。但自尊不是轻人，自信不是自满，独立不是孤立。

——徐特立

生命的气质与个性

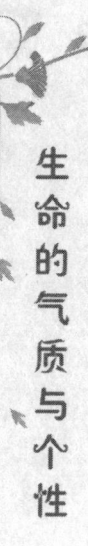

第三章　设计自我　规划人生

人活在世上，大凡是为自己着想的。

于是拥有花花世界，实现自我梦寐以求的理想，这是众望所归。

人生苦短，把握时机；珍视生命，享受生活。如果一个人没有设计好自己花团锦簇的蓝图，就好像鸟儿没有翅膀一样，永远都没有能力翱翔，搏击长空，也更不能如愿以偿。

人生贵在设计。认真学习如何去设计自我是人生中最重要的课题。

每当生活想潇洒地走一回的时候，不由自主地就心慌意乱，原来是自己没有深谋远虑。假如凡事有自知之明，认清自己，审时度势，然后全力以赴，也就可以胜券在握。

设计是生活的参考书。

只要颖悟和谨慎两只慧眼时时省视自己的人生蓝图，选准路向，脚踏实地地进取，就会万事亨通自得其乐。

成功就在自己手里。不要让粗枝大叶的惯性把自己绊得寸步难行，应该心明眼亮、全心全意地投入竞争。用自己的勤奋，用自己的智慧，用自己的勇气，全盘驾驭成功的机缘，你最终会平步青云。

设计自我的人生，是一种睿智，也是一种胆识，设计得周到更会是一鸣惊人。

第三章　设计自我　规划人生

第一节　自我设计概述

自我设计是人生的重要一课，它是实现自我过程中一个必不可少的环节，它是对自己未来的一个充分构思，有了构思之后，人才能按照设计有计划、有目的地去培养和完善自我，以致最终实现自我人生价值。而自我设计又必须在认识自我的基础上进行，是对自身各个方面进行具有可操作性的未来设计，也就把自己设计成一个具有什么样个性特征

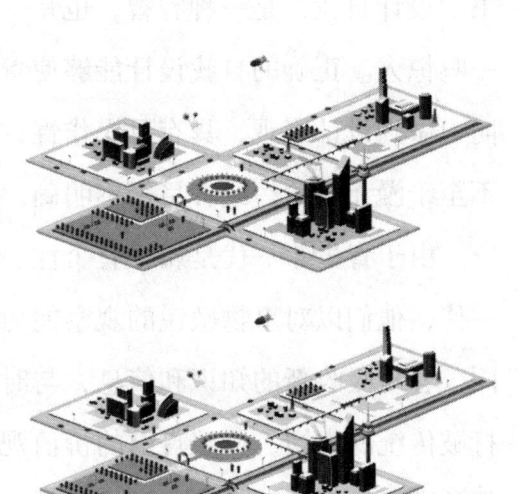

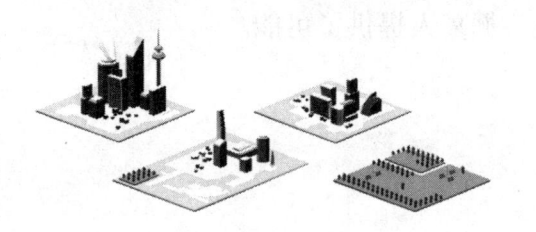

规划蓝图

的，并且是社会发展所需要的人。在本章节，我们会介绍设计自我的内容，如何正确设计自我，以及设计自我的方法和途径。

青少年正处于身心发展的关键期，他们都有属于自己的个性，有自己的优缺点，在面对客观事物的事情，有自己的优势，当然也有自己的不足。而正是这些个性、缺点或不足，最容易使他们面对自己的人生迷失方向，甚至不知所措，当他们处于这个

生命的气质与个性

阶段的时候，规划和设计自己就显得尤为必要。

在引言中，我们已经做了精妙的描述——设计是生活的参考书。设计自我，是一种睿智，也是一种胆识，设计的周到更会是一鸣惊人。正确的自我设计能够使青少年学生正确把握设计的方向，做到设计客观，具有可操作性，并且有目标达成的可能，而不至于漫无目的，或者目标不明确，朝着错误的方向发展。

由于青少年一代是属于有个性、有追求、有新的价值观念的一代，他们以对事物敏锐的观察能力，以及对新事物的好奇和认同，容易吸收新的知识和信息，与时代同步。这些都为他们敢于打破传统的束缚，按照自己的价值观、人生观，在社会发展需求的基础上，对自己的人生做大胆的想像和设计，为成为新时代的掘墓人提供了可能。

第三章　设计自我　规划人生

轻松一刻：君士坦丁的传奇人生

君士坦丁像

君士坦丁，罗马皇帝，约于280年出生在南斯拉夫的内苏斯镇（今日的尼什）。他父亲是一位部队的高级将领。君士坦丁在戴克里先皇帝的宫廷所在地尼考米迪亚度过少年时期。

戴克里先305年让位，君士坦丁的父亲君士坦子成了罗马帝国西半部的君主。君士坦子翌年去世，他的军队要求君士坦丁当皇帝，但是另一些将领反对这一要求，因而爆发了一系列的国内战争。战争一直到312年，君士坦丁在罗马附近的米尔维安大桥战役中，击败他的最后一个劲敌马克森提时才告结束。

君士坦丁成了罗马帝国西半部名正言顺的统治者，但是东半部却是由另一位将军李锡尼统治着。323年君士坦丁主动出击，打败了李锡尼。他从那时起，到337年逝世时一直都是罗马帝国唯一的君主。

君士坦丁一个更为深远的变化，使得人类文明几千年的发展都打上了他的烙印，那就是基督教。君士坦丁从何时开始信仰基督教还是个谜，但可以肯定的是，他早年并不信基督。也许是他长年征战所见的血流四野的疆场，逐渐使他产生了"罪愆（qiān，罪过，过失）"观念，并从精神上投向当时看来充满仁爱思想的基督教会的怀抱，也许是他母亲和妻子对他产生的潜移默化，因为她们都是虔诚的教徒。

313年，君士坦丁和东部皇帝李锡尼联合颁布了《米兰敕令》，给予基督教以合法地位，并归还了以前所没收的基督教堂和财产。这是基督教发展历程中的重大转折。君士坦丁从未将基督教定为国教，但他的政策明显是鼓励该教的发展。他颁布法令赐予基督教以诸多特权，如教会有权接受遗产和捐赠，教会神职人员豁免赋税和徭役等，在他统治时期，信奉基督教成了晋升国家高级职位的一个捷径。他本人还建造了多座知名教堂，如耶路撒冷圣墓教堂等。经君士坦丁时代之后，基督教的地位已不可动摇，终于在392年成为罗马帝国的国教，开始了在西方文化史上唯我独尊的时代。

君士坦丁对基督教的贡献还不只与此。当时基督教已分裂成几大派系，其中正统教会主张圣父、圣子、圣灵三位一体说，而以亚历山大里亚主教阿里乌斯为代表的一派则否认三位一体，认

第三章 设计自我 规划人生

为只有圣父才是永恒的，这一派同时还主张教徒安于清贫。为帮助教会统一教义和组织，君士坦丁于323年在尼西亚召集了主教大会，这是基督教历史上第一次宗教大集结。大会通过了《尼西亚信条》，坚持了正统教会的三位一体说为正统，斥责阿里乌斯派为异端，将阿里乌斯革除出教会。

337年，君士坦丁临终前接受了洗礼，以一个基督徒的真面目升向他梦想中的天国。

君士坦丁大帝能够将个人的精神信仰同国家、民众的需要相结合，将前任惧怕不已的洪水猛兽变为自己统治之浩浩荡荡的支持力量。因势利导、顺应民意，这是历来建立成功统治的最简单有效的方法，可惜像君士坦丁这样真正认识到这一点的统治者是何其少也。

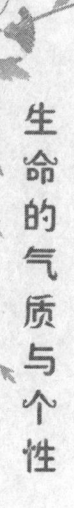

第二节　多角度的自我设计

关于自我，其本身就是一本内容丰富多彩的书。在了解自我之后，就必须根据认识的深度和广度制定自我设计和规划。

一、从需要的角度设计自我

根据著名的心理学家马斯洛的需要层次理论，需要分为以下五种。

生理需要：人们最原始、最基本的需要，如吃饭、穿衣、住宅、医疗等。

安全需要：劳动安全、职业安全、生活稳定、希望免于灾难，希望未来有保障。

归宿和爱的需要：得到家庭、团体、朋友、同事的关怀爱护理解，是对友情、信任、温暖、爱情的需要。

尊重的需要：自我尊重、自我评价以及尊重别人。

自我实现的需要：最高等级的需要。满足这种需要就要求完成与自己能力相称的工作，最充分地发挥自己的潜在能力，成为所期望的人物。

可以看出，我们最基本的需要因为最容易实现而处于最底层，而处于塔尖的"自我实现的需要"因为目标远最难达到而处于最高层。我们可以依据这些需要的划分，对自己的需求做具体

第三章　设计自我　规划人生

人的需求图

的设计。当然，需求有远有近，有长有短，同时不同年龄段、不同时间段的需求也是不一样的。我们来看一下初三学生王小，他是如何进行自己的需求设计的。

需要种类	具体需求的东西（物质的、精神的）	需要的原因或理由
生理需要	各种丰富的食物以及保障我身体感觉舒适的衣物、风扇或空调等。	现在正处于初三学习生活紧张的阶段，需要各类营养补充精力和体力，同时保障身体健康。
安全需要	爸爸换一个好的工作。	家庭生活稳定，就会给我一个安定学习的环境。
归宿和爱的需要	妈妈能够陪我吃晚饭；好朋友于晴能够原谅我对她的误会；数学老师能够经常抽我回答问题。	希望得到妈妈的关爱，老师的关注，朋友的理解，为快乐的学习生活扫清烦恼障碍。
尊重的需要	希望妈妈不要随便翻看我的书包。	每个人都有自己的秘密，不经同意，随意翻看别人的东西是不尊重人的表现。
自我实现的需要	考上本校高中重点班。	本校高中重点班有特色，有很多同学在那样的班级考上理想的大学，我也有一样的梦想。

通过这个表格我们可以看出，王小同学对自己的需求设计是非常实际的。其实，我们每个人都可以根据自己的实际情况对自己的需要进行规划，做到有理有据，而不是"漫天叫价"，这样的话才能让"需要"变成现实，变得有因即果。

二、从动机的角度设计自我

有这么一则寓言故事：

一群孩子在一位老人家门前嬉闹，吵吵嚷嚷。几天过去，老人难以忍受，于是，他出来给了每个孩子25美分，对他们说："你们让这儿变得很热闹，我觉得自己年轻了不少，这点钱表示谢意。"

孩子们很高兴，第二天仍然来了，一如既往地嬉闹。老人再出来，给了每个孩子15美分。他解释说，自己没有收入，只能少给一些。15美分也还可以吧，孩子仍然兴高采烈地走了。

第三天，老人只给了每个孩子5美分。孩子们勃然大怒，"一天才5美分，知不知道我们多辛苦！"他们向老人发誓，他们再也不会为他玩了！

人的动机按照来源可分为内部动机和外部动机。在这个寓言中，老人的算计很简单，他将孩子们的内部动机"为自己快乐而玩"变成了外部动机"为得到美分而玩"，而他操纵着美分这个外部因素，所以也操纵了孩子们的行为。

这则故事告诉我们，如果按照内部动机去行动，我们就是自己的主人，如果驱使我们的是外部动机，我们就会被外部因素所左右，成为它的奴隶。从现在开始，培育自己的内部评价体系，让学习和工作变成"为自己而玩"。

我们仍以初三学生王小为例，从生理性动机和社会性动机角度看看他是如何合理设计自我的：

动机的种类	动机的具体表现	产生动机的原因或理由
生理性动机	希望得到各种丰富的食物以及保障我身体感觉舒适的衣物、风扇或空调等。	现在正处于初三学习生活紧张的阶段，需要各类营养补充精力和体力，同时保障身体健康。
	希望爸爸换一个好的工作。	如果家庭生活稳定，就会给我一个安定学习的环境，我就不会担心上高中的花费了。
社会性动机	希望妈妈能够陪我吃晚饭；希望好朋友于晴能够原谅我对她的误会；希望数学张老师能够经常抽我回答问题。	希望得到妈妈的关爱，老师的关注，朋友的理解，为快乐的学习生活扫清烦恼障碍。
	想跟妈妈谈谈关于她随便翻看我书包的事情。	每个人都有自己的秘密，不经常同意，随意翻看别人的东西是不尊重人的表现。
	希望考上本校高中重点班。	本校高中重点班有特色，有很多同学在那样的班级考上理想的大学，我也有一样的梦想。

三、从价值观的角度设计自我

价值观通过人们的行为取向及对事物的评价、态度反映出来，是世界观的核心，是驱使人们行为的内部动力。价值观的形成往往不是一天两天就完成的事情，因此，要设计自己的价值观就更是显得漫长。我们常常从理想、信念这样的角度来描绘或诠释一个人的价值观，因为一个人的理想和信念往往折射出他有什么样的价值观。同样，我们要设计一个人的价值观，也可以从这一角度入手。

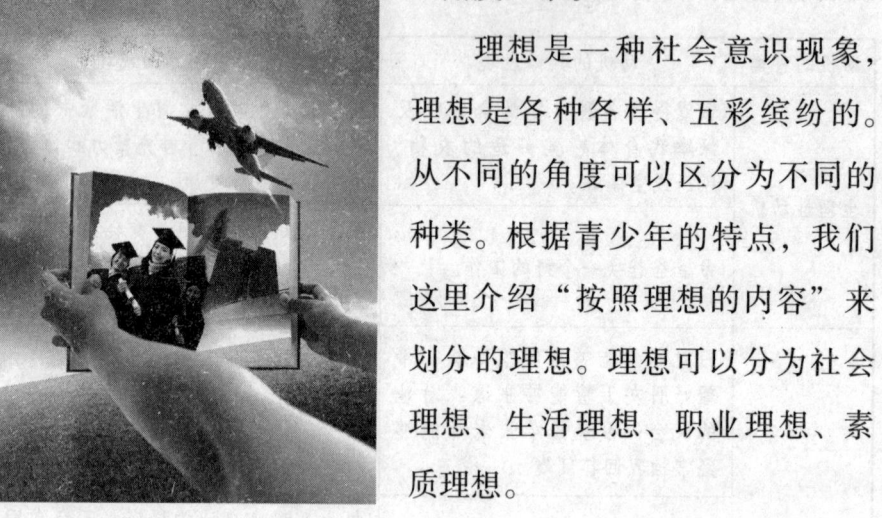

理想是一种社会意识现象，理想是各种各样、五彩缤纷的。从不同的角度可以区分为不同的种类。根据青少年的特点，我们这里介绍"按照理想的内容"来划分的理想。理想可以分为社会理想、生活理想、职业理想、素质理想。

社会理想是人们对未来社会的设想。社会理想包括对未来社会的政治制度、经济制度、科学文化制度、社会面貌等等的预见和设想。

生活理想是人们对未来生活的追求和向往。既包括对于吃、穿、住等物质生活的追求和向往，也包括对文化娱乐等精神生活的追求和向往，还包括对婚姻、家庭生活的追求和向往。

职业理想是人们对未来工作部门、工作性质以及在职业上达到的程度的追求和向往。

素质理想是人们做人的目标，是作一个什么样的人的追求和

第三章 设计自我 规划人生

向往。

在以上的几种理想之中，社会理想是其他理想的前提和基础。人们在设计自己的未来职业、生活和做人的时候，总是以未来的社会为前提和基础的。

按照上面理想划分标准，初三学生王小的理想设计可呈现为：

理想的种类	理想的呈现（物质的、精神的）	产生理想的原因或理由
社会理想	我希望未来社会没有战争，美好和谐，人与人之间充分地信任，相互关爱；科学发达，环境优美，没任何的污染，人人健康长寿。	看到电视媒体上报道一些国家还处于战争状态，人们处于痛苦之中；身边的环境遭到破坏，人的生命健康受到威胁。
生活理想	希望自己将来有一套宽敞、漂亮的房子，找一个好的伴侣，同爸爸妈妈、爱人、孩子一起度过愉快的人生。	因为现在自己家的住房很紧张，常常跟爸爸争夺家里唯一的书桌（也是饭桌），但是一家人仍然很快乐。
职业理想	我想上完大学之后进入一家外企，然后边工作边进修，拿到博士文凭，争取进入管理层。	因为父辈的影响，想改变家庭清贫状况，让父母过上好日子的欲望。
素质理想	我想成为一个追求进步，为人正直，受人敬重，且有生活品位的人。	因为未来如果生活在一个有地位有文化层次的环境，那么就要严格按照这样的标准去做人，才能与之相匹配。

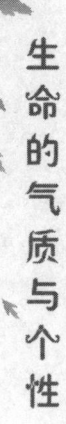

四、从能力的角度设计自我

人的能力怎么样？大小如何？可不可以做个计划或者说设想呢？其实完全可以做到的。因为人本身的能力除了与遗传有关之外，更重要的在于后天的培养和改造。

关于能力的分类，因为分类标准的不同而有差异。作为当代的青少年，我们更要立足现在，着眼未来，对能力的划分应该更具有时代意义，紧跟时代发展需求。为此，我们在调查了解相关资料之后，做了这样的归纳：

1. 了解自我与自我发展潜能的能力：充分了解自己的身体、能力、情绪、需求与个性，爱护自我，养成自省、自律的习惯、乐观进取的态度以及良好的品德，并能表现个人特质，积极开发自己的潜能，形成正确的价值观。

2. 欣赏、表现与创新的能力：培养感受、想像、鉴赏、审美、表现与创造的能力，具有积极创新的精神，表现自我特质，提升日常生活品质。

3. 生涯规划与终身学习的能力：积极运用社会资源与个人潜能，使其适应发展，建立人生方向，并因应社会与环境变迁，培养终身学习的能力。

4. 表达、沟通与分享的能力：有效利用各种符号（如语言、文字、声音、动作、图像、或艺术等）和工具（如各种媒体、科技等），表达个人的思想或观念、情感，善于倾听与他人沟通，并能与他人分享不同的见解和资讯。

5. 尊重、关怀与团队合作的能力：具有民主素养、包容不同的意见，平等对待他人与各族群。尊重生命，积极主动关怀社会、环境与自然，并遵守法制与团体规范，发挥团队合作的精神。

6. 文化学习与国际了解能力：认识并尊重不同的族群文化，了解并欣赏本地和世界各地的历史文化，并体会认识世界为整体的地球村，培养相互依赖，互信互助的世界观。

7. 规划、组织与实践的能力：具备规划、组织的能力，且在日常生活中实践，增强手脑并用、群策群力的做事方法，积极服务集体与国家。

8. 运用科技与资讯的能力：正确、安全和有效地利用科技、收集、分析研究判断、整合和运用资讯，提升学习效率与生活品质。

9. 主动探索与研究的能力：激发好奇心和观察力，主动探索和发现问题，并积极运用所学的知识和能力于生活之中。

10. 独立思考与解决问题的能力：养成独立思考及反省的能力与习惯，有系统地研究判断问题，并能有效地解决问题和冲突。

作为新时代的青少年，在赋予能力新的定义的基础上，我们完全可以对自己的能力做相应的规划或设计。

下面，我们以"一位钢琴特长生对自己能力规划的设计"为例做简要的说明：

能力的种类	能力的体现	规划能力的潜在因素
了解自我与自我发展潜能的能力	钢琴达十级。	自身乐感强，有一定的音乐天赋。
欣赏、表现与创新的能力	在学校50周年校庆登台展示自己的钢琴表演水平。	把学习到的东西及时地表现出来。
生涯规划与终身学习的能力	高中毕业之后进入专门的高等音乐学府进修，提高钢琴方面的技能。	不断地追求更高水平的需要。
表达、沟通与分享的能力	经常和音乐爱好者交流，分享学习实践中的得与失。	完善自己的需要。
尊重、关怀与团队合作的能力	参与团队活动，学会与其他乐器的配合或合作。	完善自己的需要。
文化学习与国际了解能力	留学深造，了解不同国家更多的文化，提升自己。	完善自己的需要。
规划、组织与实践的能力	能够与他人一起组织一场属于很具特色的钢琴音乐会。	得到社会和他人认可的需要。
运用科技与资讯的能力	将自己和自己的团队通过网络、媒体等形式进行展示。	得到社会和他人认可的需要。
主动探索与研究的能力	通过多方学习，不断创新出自主品牌的音乐文化。	实现自我价值的需要。
独立思考与解决问题的能力	面对各类问题能够独当一面。	实现自我价值的需要。

从上表来看，其能力的要求是越来越高，最终实现自我价值。参照上表，我们可以根据自身的实际情况或者某一特点做专门的规划，这样才能做到有的放矢，才能找准今后学习和努力的

方向。

五、从气质的角度设计自我

气质是天生的，遗传起着决定性作用。那么气质是否一成不变的呢？我们可不可以对自己的气质做一次崭新的规划呢？回答是肯定的。尽管气质与遗传相关，但后天的学习生活环境对一个人的气质有着极大的影响，甚至可以改变一个人先天的气质因素，成为一个既具有自身个性特点，又与社会发展需求紧密相关的特殊气质的人。从这一角度来看，气质是可以改变的，同样也就可以根据自身、社会等需求做相应的设计。

当然在设计自己的气质之前，应该对自己的气质做一个全方面的了解，那么首先要做一个科学的测量，以便使设计做到准确、客观。

气质测验量表

请认真阅读下列各题，对于每一题，你认为非常符合自己情况的，在后面括号里填"＋2"，比较符合的填"＋1"，拿不准的填"＋0"，比较不符合的填"－1"，完全不符合的填"－2"。

1. 做事力求稳妥，一般不做无把握的事。 （　　）
2. 遇到可气的事就怒不可遏，想把心里话全说出来才痛快。
 （　　）
3. 宁可一个人干事，不愿很多人在一起。 （　　）

4. 到一个新环境很快就能适应。（　）

5. 厌恶那些强烈的刺激，如尖叫、噪音、危险镜头。

（　）

6. 和人争吵时总是先发制人，喜欢挑衅。（　）

7. 喜欢安静的环境。（　）

8. 善于和人交往。（　）

9. 羡慕那种善于克制自己感情的人。（　）

10. 生活有规律，很少违反作息制度。（　）

11. 在多数情况下情绪是乐观的。（　）

12. 碰到陌生人觉得很拘束。（　）

13. 遇到令人气愤的事，能很好地克制自我。（　）

14. 做事总是有旺盛的精力。（　）

15. 遇到问题总是举棋不定，优柔寡断。（　）

16. 在人群中从不觉得过分拘束。（　）

17. 情绪高昂时，觉得干什么都有趣；情绪低落时，又觉得什么都没意思。（　）

18. 当注意力集中于一事物时，别的事很难使我分心。

（　）

19. 理解问题总比别人快。（　）

20. 碰到危险情境，常有一种极度恐怖感。（　）

21. 对学习、工作、事业怀有很高的热情。（　）

22. 能够长时间做枯燥，单调的工作。（　）

第三章　设计自我　规划人生

23. 符合兴趣的事情，干起来劲头十足，否则就不想干。
（　）

24. 一点小事就能引起情绪波动。（　）

25. 讨厌做那种需要耐心、细致的工作。（　）

26. 与人交往不卑不亢。（　）

27. 喜欢参加热烈的活动。（　）

28. 爱看感情细腻、描写人物内心活动的文学作品。（　）

29. 工作学习时间长了，常感到厌倦。（　）

30. 不喜欢长时间谈论一个问题，愿意实际动手干。（　）

31. 宁愿侃侃而谈，不愿窃窃私语。（　）

32. 别人总是说我闷闷不乐。（　）

33. 理解问题常比别人慢些。（　）

34. 疲倦时只要短暂的休息就能精神抖擞，重新投入工作。
（　）

35. 心里有话宁愿自己想，不愿说出来。（　）

36. 认准一个目标就希望尽快实现，不达目的，誓不罢休。
（　）

37. 学习、工作一段时间后，常比别人更疲倦。（　）

38. 做事有些莽撞、常常不考虑后果。（　）

39. 老师讲授新知识时，总希望他讲得慢些，多重复几遍。
（　）

40. 能够很快地忘记那些不愉快的事情。（　）

41. 做作业或完成一件工作总比别人花的时间多。（   ）
42. 喜欢运动量大的剧烈体育运动或参加各种文艺活动。
（   ）
43. 不能很快地把注意力从一件事转移到另一件事上去。
（   ）
44. 接受一个任务后，就希望能把它迅速解决。（   ）
45. 认为墨守成规比冒风险强些。（   ）
46. 能够同时注意几件事物。（   ）
47. 当我烦闷的时候，别人很难使我高兴起来。（   ）
48. 爱看情节起伏跌宕激动人心的小说。（   ）
49. 对工作抱认真严谨、始终一贯的态度。（   ）
50. 和周围人的关系总相处不好。（   ）
51. 喜欢复习学过的知识，重复做能熟练做的工作。（   ）
52. 希望做变化大、花样多的工作。（   ）
53. 小时候会背的诗歌，我似乎比别人记得清楚。（   ）
54. 别人说我"出语伤人"，可我并不觉得这样。（   ）
55. 在体育活动中，常因反应慢而落后。（   ）
56. 反应敏捷、头脑机智。（   ）
57. 喜欢有条理而不甚麻烦的工作。（   ）
58. 兴奋的事情常使我失眠。（   ）
59. 老师讲新概念，常常听不懂，但是弄懂了以后很难忘记。
（   ）

60. 假如工作枯燥无味，马上就会情绪低落。（   ）

说明：按照心理学中气质类型的传统分类，每一种气质类型包括15道测题。

气质类型	题 目 序 号
胆汁质型	2、6、9、14、17、21、27、31、36、38、42、48、50、54、58 得分之和：
多血质型	4、8、11、16、19、23、25、29、34、40、44、46、52、56、60 得分之和：
黏液质型	1、7、10、13、18、22、26、30、33、39、43、45、49、55、57 得分之和：
抑郁质型	3、5、12、15、20、24、28、32、35、37、41、47、51、53、59 得分之和：

说明：

A. 如果某种气质类型的得分明显高出其他三种，均高出4分以上，则可定为该气质类型。

B. 如果某一种或两种气质类型的得分超过20分，则为典型的该气质或该两项气质的混合型。

C. 如果某一种或两种气质类型的得分在10~20分之间，其他气质类型得分较低，则为一般气质或该两类气质的混合型。

D. 如果某种气质类型的得分都在10以下，但某项或几项得分较其余项高（相差5分以上），则为略倾向于该项气质或几项气质的混合。

E. 其余类推。一般说来，正分越高，表明你越具有该项气

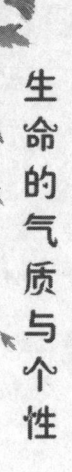

质的典型特征；反之，分值越低，表明你越不具备该项气质的特征。

F. 四种类型的气质与职业的关系阐释。

1. 胆汁质与职业

胆汁质又称不可遏制型，属于战斗类型。这种气质的特点是情绪兴奋性高，发生很快，带有爆发的性质，如暴风骤雨。情绪体验强烈，外部表现明显，但爆发之后又很快平静下来。

胆汁质的人感情与动作迅速，直爽热情，精力充沛，脾气暴躁，但不灵活。

胆汁质类型的人适合的职业有：导游员、推销员、节目主持人、新闻记者、外事接待员、监督员、演员、消防员、采购员等。

2. 多血质与职业

多血质又称活泼型，属于敏捷好动的类型。这种气质的特点是热情、开朗、无忧无虑、活泼好动，对外界事物感受迅速、强烈但不深入，不能持久；兴趣广泛但注意力易分散，感情易变化。

多血质类型的人适合的职业有：管理工作、服务工作、驾驶员、律师、运动员、记者、外交人员警察、侦探、政治辅导员等。

3. 黏液质与职业

黏液质又称安静型，属于缄默而沉静的类型。这种气质的特点是情绪不易激动，内向冷漠，动作稳妥，不善交往但善于忍耐，注意稳定，有较强的自制力。这种气质人的特点是感情不易外露，深沉含蓄，不大容易发脾气，对人平和，动作缓慢，但具有坚韧精神。

黏液质类型的人适合的职业有：医生、法官、管理人员、会计、出纳员、播音员、秘书、办公室职员、翻译员、档案管理员、统计员、打字员、纺织工、印刷工、机床工等。

4. 抑郁质与职业

抑郁质又称抑制型属于呆板而羞涩型，这种气质的特点是情绪兴奋性高，敏感，体验深刻，各种心理活动的外部表现都是缓慢而柔弱。

抑郁质类型的人适合的职业有：化验员、实验工作者、自然科学研究者、保管员、机要秘书、刺绣工作者、校对等。

在做完测量之后，我们就能够了解自己的气质类型，并做相应的规划。同学们可以根据此表做自我气质设计，按照自己的实际需要独立完成。

气质类型	自身气质		原因
	测量气质（测量结果）	规划气质（欲改变或完善的）	
胆汁质型			
多血质型			
黏液质型			
抑郁质型			

生命的气质与个性

六、从性格的角度设计自我

性格与气质不同,气质无好坏、对错之分,而性格有。我们在日常的生活中常常听到"这个人性格古怪""某某性格很好",也还听到"某某现在性格完全变了"之类的说法。既然我们的性格有好有坏,还能改变,那么每个人就自然可以对自己现有的性格进行完善。

首先,我们将良好的性格具有的特征做了归类。

乐群性:外向、热情、乐群、易相处

稳定性:情绪稳定、面对现实

兴奋性:轻松快乐、热情、随遇而安

有恒性:有恒心、沉着、尽心尽职

敢为性:冒险敢干、激进、有探索精神

独立性:有主见、足智多谋、果断

其次,我们一起做一个小小的调查。

《我的性格》

下面的这些词中你认为哪些与你的性格相符,请打上"√"。

自信的□ 乐观的□ 大方的□ 勇敢的□

自卑的□ 悲观的□ 害羞的□ 胆小的□

认真的□ 文静的□ 软弱的□ 踏实的□

粗心的□ 活泼的□ 坚强的□ 浮躁的□

第三章　设计自我　规划人生

固执的□　顺从的□　爱笑的□　偷懒的□

热心的□　谦虚的□　骄傲的□　冷漠的□

温和的□　坦率的□　果断的□　孤独的□

爱哭泣的□　有毅力的□　爱嫉妒的□

好争辩的□　富创意的□　有礼貌的□

独立性强的□　依赖性强的□　脾气急躁的□

热爱劳动的□　爱动脑筋的□　斤斤计较的□

兴趣广泛的□　热爱学习的□　广交朋友的□

善解人意的□　犹豫不决的□　半途而废的□

补充＿＿＿＿＿＿＿＿＿＿＿＿＿＿＿＿＿＿＿＿

再次，请你画出你的"性格树"。

1. 把你自己具备的良好的性格特点画在"我的性格树"上，包括学习、生活、人际等各个方面。

2. 在你的性格特征中，你最不满意的是什么？在大树旁边再画一棵小树。（小树代表自己性格的不足方面）

第四，性格大曝光——情景扫描。

某次，老师正在公布考试成绩，班上一位同学得到了班里唯一的一个100分。下课后，班里顿时热闹起来，同学们议论纷纷。A同学第一个冲到××面前，拍着他的肩膀说："嘿，你真棒！不过下次我一定要超过你！"B同学走过来说："××，你是怎么学的，我是不如你啦！"这时，传来C、D、E同学的议论声："这次考100分，是不是他蒙的？""100分有啥了不起，瞧他高兴的，都不知道自己姓什么了，有本事次次考100分呀。""咱们离他远一点，他可不会和我们考七八十分的同学在一起玩。"同学们的态度为什么这样不同？

性格分析：

A同学可能是一个性格开朗、豁达、心胸开阔具有竞争意识的孩子。

B同学可能是个性格比较软弱的孩子，缺乏毅力和自信，这样的人往往对事情持怀疑的态度，她的想法常常会依附与别人而没有自己的主见。

C同学可能是一个不负责任的人，对什么是他都以随心所欲的态度去对待，常常不考虑事情的结果。

D同学可能心胸狭窄，嫉妒心强，看到别人成功，他不是去努力超过别人，而是想方设法让别人失败。

E同学可能是自暴自弃，对自己没信心，也没有上进心，他把自己以别人有意的拉开距离，这也是一种不健康的心理。

提问：

1. 你遇到这种情况吗？如果有，请你回忆一下当时的心态。

2. 假如你是这位得满分的同学，你希望其他同学怎么来评价你的100分？

最后，设计自己的性格。

在经过这几个环节之后对自己的性格的好坏有了一定的了解，如果属于良好的性格就请你继续保持和发扬，如果是不好的性格，你就可以根据良好性格特征，对改变自己的性格做一个设计，并朝着良好性格发展。

下面仅做了一个简单的范例：

性格的性质	性格特征具体表现	保持原因或改变方向
不好的	心胸狭窄，嫉妒心强	
良好的	性格开朗、豁达、心胸开阔具有竞争意识	

七、从自我意识的角度设计自我

其实我们是否成熟，不完全取决于自己的主观感觉，还有一些客观的指标。通过这些指标，能够对自己的意识和行为做出初步判断，并由此对自己言行做相应的调整或规划：

1. 行事有主见，有原则，不以别人的好恶作为自己做事的标准。

2. 认识到人生中既有光明的一面也有黑暗的一面，并有容忍和谅解的胸襟。

3. 能够接受别人的优点和缺点，懂得怎样与人相处。

4. 充分明白"人必先自爱而后爱之，人必先自助而后助之"的道理。

5. 懂得良好的动机未必会带来好的结果，确认手段与目的之不可分。

6. 不"以人废言"，懂得"就事论事"而不"因人而异"。

7. 不坠入"非此即彼""非黑即白"的极端思考陷阱，明白在事物的两极之间往往有一系列的中间状态。

8. 明白"人比人，气死人"的道理，不拿自己跟别人滥加比较。

9. 懂得人与人之间的沟通是世界上最困难和最有意义的事，而封闭自傲的心灵正是这一沟通的最大敌人。

10. 明白世间万物——包括自己的思想和信念，都在变动中进行，并且要有"今日之我战胜昨日之我"的勇气。

每个人都要仔细地观察自己的一言一行，体会自己的所思所想，并记录观察到的结果、体会到的感受，以及记录这些行为发生的频率（次数），同时记下其前因后果，最后运用科学的方法，制定行为改变计划。假设以一周的时间里发生的几件事为例来做计划：

我意识到的并从实践中体验行为	时间（记录每天的次数）							行为产生的原因及后果	想要建立的新的行为
	1	2	3	4	5	6	7		
我不喜欢数学，因此不喜欢数学老师。									
我已经非常努力的学习英语了，结果不理想，因此十分沮丧。									
好朋友小夏家里太有钱了，全身名牌，因此埋怨自己的父母。									

第三章 设计自我 规划人生

轻松一刻：关于理想的人生格言

这里给大家列举一些名人关于理想的观点，供同学们设计自己的理想的时候作参考：

1. 十分重要的是，关于祖国的豪言壮语和崇高理想在我们学生的意识中不要变成响亮的然而是空洞的辞藻，不要使它们由于一再重复而变得黯然失色、平淡无奇。让孩子们不要去空谈崇高的理想，让这些理想存在于幼小心灵的热情激荡之中，存在于激奋的情感和行动之中，存在于爱和恨、忠诚和不妥协的精神之中。

2. 道德教育成功的"秘诀"在于，当一个人还在少年时代的时候，就应该在宏伟的社会生活背景上给他展示整个世界、个人生活的前景。

3. 道德教育的核心问题，是使每个人确立崇高的生活目的。……人每日好似向着未来阔步前进，时时刻刻想着未来，关注着未来。由理解社会理想到形成个人崇高的生活目的，这是教育，首先是情感教育的一条漫长的道路。

4. 思想是根基，理想是嫩绿的芽胚，在这上面生长出人类的思想、活动、行为、热情、激情的大树。

5. 人类的精神与动物的本能区别在于，我们在繁衍后代的同时，在下一代身上留下自己的美、理想和对于崇高而美好的事物的信念。

6. 没有信仰，则没有名副其实的品行和生命；没有信仰，则没有名副其实的国土……

7. 才须学也。非学无以广才，非志无以成学。

8. 美的事物在人心中唤起的那种感觉，是类似我们当着亲爱的人的面前时，洋溢于我们心中的喜悦。

9. 每个人都有一定的理想，这种理想决定着他的努力和判断的方向。在这个意义上，我从来不把安逸和快乐看作是生活目的本身——这种伦理基础，我叫它猪栏式的理想。照亮我的道路，并且不断地给我新的勇气去愉快地正视生活的理想，是善、美和真。

10. 要有生活目标，一辈子的目标，一段时期的目标，一个阶段的目标，一年的目标，一个月的目标，一个星期的目标，一天的目标，一个小时的目标，一分钟的目标。

第三章 设计自我 规划人生

第三节 科学完美地规划人生

一、把握好几对关系

设计自我不是说一个纯粹的自我展示，而是以自己的特点为基石，以现实社会的需要和发展为平台，并将个性特点和气质得以完美的结合。因此，要科学完善地规划人生，有必要把握好下面三方面的事情：

1. 自我特点与人生规划

设计自我不是只凭想像，或者说按照某个的统一标准来设计就可以了，而是需要根据自身的实际情况以及个性特点来做设计，这样的设计才具有真实性和可操作性，也才能达到预期的目的。比如，在对自己"职业的设计"上，你听父辈们讲，从事"医生"这一职业很有前途，于是把自己未来的职业设计便定格在"医生"这一职业领域。可你本身的爱好和特长却在于运动，这样一来即便你为了达到设计的目的，顺利考上医学院，可能最终也不会安心在这一行业工作，要么转行，要么成为一个碌碌无为的人。

可见，规划人生必须与自己的特点相吻合，这样才算得上正

确的自我设计，也才能实现自我。

2. 社会需要与人生规划

每个人都是社会群体中的一个小小的个体，他的一切都不可能脱离现实社会。也就是说，每个人的需要也好发展也好，自我实现也好等等，都与社会息息相关。因此，我们在规划人生的同时，必须考虑到与社会需要的关系。当社会需要与自我需要发生矛盾甚至冲突的时候，你就必须调整自己的需要，根据社会需要去调整并完善自我。比如，你对IT这一领域感兴趣，但是社会上IT行业人才已经超饱和。在这种情况下，即便你成为IT人才，如果没有超凡能力也会在竞争中遭遇失败或淘汰，因此规划人生时也不可忽视社会需要。

3. 社会发展的趋势引领人生规划

当今社会的发展可以说是日新月异，作为新时代的青少年有必要对未来社会发展的趋势有个详细的了解。一些经济学家根据现实社会发展状况，对未来社会总的趋势做了大胆的预测，并归为以下十大发展趋势。

趋势一：民族国家在国际社会中的地位发生变化。事实上，地球已成为一个整体。通信联络与交通运输手段的进步，使地球日益"缩小"。面对全球人口爆炸、大气污染等挑战，各国控制事件的难度明显增加。与此同时，国际组织、跨国公司由于有足够的资源和相对于国家的信息优势，可能并将要成为21世纪有极大力量的多功能实体。

第三章 设计自我 规划人生

发展中的城市一角

趋势二：知识经济兴起。知识经济是在充分知识化的社会中发展的经济。其特点是经济发展可持续化。在知识经济时代，脑力劳动占了主要优势，具有智能的人本身成为人力资本。

趋势三：经济趋于全球化。全球化是指在国际范围内统一运作的一种经济。全球化的标志之一就是世界统一大市场的形成。高科技武装的通讯联系、低廉的运输成本、无国界的自由贸易正在把整个世界融成一个唯一的市场。

趋势四：高科技推动全球经济进入全新发展阶段。根据联合国有关组织的分类，当今高科技可以分为8大类：信息科学技术、生命科学技术、新能源与可再生能源科学技术、新材料科学技术、空间科学技术、海洋科学技术、有益于环境的高新技术和管理（软科学）科学技术。科学界普遍认为，生物技术和信息技术将成为下世纪关系国家命运的关键技术。

趋势五：信息技术与网络改变人们的生活方式。对未来社会而言，在网上获取信息、学习、娱乐和通信将成为一种习惯，这将同我们现在拿起电话与别人交流或从产品目录上订购货物一样自然。

趋势六：消费趋于个性化。先进技术的应用，使得大规模地按消费者个人要求进行各种消费品的生产成为可能，而消费者自身素质和消费水平的提高，也使追求个性化成为时尚潮流。

趋势七：未来的工作具有更大的自由度。虚拟办公，目前已成为某些发达国家的潮流。据调查，美国1994年已有1/3（4320万）左右的人至少有部分时间在家办公，欧洲有1000万人，英国约有140万人。

信息技术的进步和通信业的发达，使得"远程办公""在家办公""虚拟办公"成为现实，多种雇佣形式的出现以及"弹性工作制"的推行，使得上班族能够更自由地支配自己的时间。

趋势八：教育从内容到形式都将出现重大变化。未来的教室几乎无法辨认，沉重的书包被便携式电脑和微型电脑取代；人机对话的网上学习已成为全球现象，那些给教学增添趣味和娱乐的新形式都将成为可能。远程教学、多媒体教学、互动式教学等全新手段的出现，将极大地提高教学的效率与质量，教师也将因此而面临严峻挑战。

第三章 设计自我 规划人生

趋势九：技术娱乐成为时尚。1999年4月，英国的一个音乐家已推出他自己研制的网络音乐软件，你运用这个软件，你就是一个音乐家。未来的娱乐将由于科学技术神奇力量的作用而具有不可思议的魅力。

趋势十：环境问题愈加突出，国际社会日益关注。全球变暖，地球平均气温突破最高值。风暴、洪水、热带森林大火对环境的破坏，濒危物种不断增加……日益严重的环境问题困扰着全球的可持续发展。

对此，世界范围内正在采用最佳环境技术，率先在能源和农业领域使用。利用再生能源，清理核废物，保存热带雨林，大规模植树等。

21世纪是人类为解决环境问题与资源问题付出更多努力的世纪。

其实趋势就是一种引领，作为当代的青少年，了解未来社会发展的趋势显得尤为迫切和必要，它会对我们自身发展指引方向，以便我们能够设计出与未来社会发展相适应的自我，成为未来社会的主人。

二、利用好几种途径

凡事要讲究方式方法，没有一个好的方法，仅仅凭经验靠书本，可能不会达到想要的目标，规划人生也同样如此，为了使自己的规划更符合自身客观事实，接近现实需求，并且具有可操作

生命的气质与个性

性和可实现性,寻找一个好的规划方法或途径便显得十分必要和重要。下面,我们简要地介绍几种常见的方法。

1. 自身的学习、实践与反思

学习—实践—反思,三者的关系像我们生物上学习的一个完整的食物链,学习的目的就是为了将所学的东西应用到现实生活去检验,而在实践之后根据效果进行反思,再在反思的基础上总结得与失,以便为进一步的深入研究和学习提供依据,进而再学习。其实我们要做好规划,也需要这样的过程,将我们的规划进行反复地实践,不断地反思,最后完善自我规划,成为既符合自己的特点又与社会需要相适应的规划。

2. 家长、教师的引领

家长是孩子的第一任老师,他们或有丰富的社会实践经验,或有高深的学识,或二者皆有。他们可以给还未独立的孩子以好

第三章 设计自我 规划人生

的建议或意见，指导孩子对自己的人生进行规划和设计。但在这点上，很多青少年因为与父母之间存在"代沟"，要么是忽视父母的建议，要么是拒绝接受。

当然，有的父母仅仅以个人经历或经验，把自己的想法或未实现的愿望强加给孩子，这肯定是不恰当的。这个时候，我们应该有自己的主见，做一个明智的选择。但不管怎么说，在知道家长对我们引领的重要性之后，我们必须以积极的态度引起重视，父辈的引领绝对不可以忽视，至少可以起到参考作用，甚至对自己的人生起关键性作用。

"师者，传道授业解惑者也"。唐宋八大家之一的韩愈在《师说》中这样给教师定位，今天对教师的职责仍具有启发意义，教师在授业的同时，还要传道和解惑。为师者承担着教育后代塑造灵魂的任务，教师在教书育人、传播文化的同时，还肩负着培养学生团结友爱、热爱生活、热爱祖国的任务，教学方式对学生的世界观、人生观的形成非常重要，尤其处于青少年时期的学生，让他们学会学习，掌握学习本领，提高学习能力，形成终身学习必备的素养，这也是时代发展对青少年的期盼与要求。

教师知道"知识"既是名词，更是动词，不仅要传授学生知识，还要培养学生主动探究，通过动口、动手、动眼、动脑，在实践获得体验，建构知识，形成能力，全面发展。因此，当今的教师除了传统意义上赋予的内涵之外，还应该"既要在科学与技术领域中成为学生的导师，又要成为人类精神的守望者"。了解了这些，你就不难明白"教师是太阳下最光辉的职业，他是启明星，能为学生理想之船导航"这句话的含义了。

可见，教师以他自身的知识、生活经验，为我们在德、智、体、美、劳等各方面全面发展起到引领作用。

3. 利用榜样作用

从古至今，我们的社会都是一个榜样辈出的时代。各种各样的榜样，在不知不觉中成为我们心目中的坐标。曾经，我们以学习雷锋为榜样，今天，比尔·盖茨等世界名人成为我们学习的榜样。许多榜样正在我们身边不断涌现，他们也许就是我们日常生活中的一个朋友、一位亲人、一家企业、一所学校。

榜样的力量是无穷的。有人曾说："播撒一种思想收获一种行为，播撒一种行为收获一种习惯，播撒一种习惯收获一种性格，播撒一种性格收获一种命运"。散播一种榜样，我们能够时时看到奋斗的目标和参照物。榜样是一种向上的力量，是一面镜子，是一面旗帜。同时，这也是一个需要榜样的时代。多元化的社会价值观念有助于社会的正常运作，它同时也需要有一种能够打动我们的力量，一种根植于人性根底的精神力量，一种可亲、可敬、可信、可学的人生道德楷模，一种抗拒平庸，立志进取的永不过时的力量。而榜样，无疑是一种很好的标杆和楷模，以榜样为精神的皈依，行动的指南，让市场更加专业、规范，让人生更加积极向上、绚丽多彩。

那么，我们青少年应该以什么为榜样呢？从身边的小事做起，学习我们自己身边的榜样，如，学习小能手，体育尖子，爱心小天使，科技小发明家，环保小卫士等等，以榜样为例，设计好自己的人生，实实在在地做好每一件事。

4. 善用同伴影响力

人们的行为在很大程度上会受到其同类或同伴的影响，心理学家们将这种影响称为"同伴影响力"。同伴影响力的痕迹无处不在，尤其在网络时代更有强大存在。当人们对周围发生的事情茫然无措时，他们通常不会询问自己已经困惑的内心，而是向外人寻求答案。因为年轻，不懂人世，辨别是非能力差，与成年人之间的代沟等因素，这种现象在青少年身上体现得尤为明显，他们往往相信同伴的判断力而不相信自己或其他人。

当然，同伴对自己的影响有好的一面，也有不好的一面，关键在于学会善用这种影响力，让他的作用得到最好的发挥，并指导自己的行为。只有这样，你才不至于在规划自我的时候迷失自我。

生命的气质与个性

轻松一刻：米开朗琪罗的人生经历

米开朗琪罗

米开朗琪罗，意大利文艺复兴时期伟大的绘画家、雕塑家、建筑师和诗人。1475年3月6日生于佛罗伦萨附近的卡普莱斯（卡波热斯），父亲是当地的一名法官，脾气暴烈，但是惧怕上帝。母亲在米开朗琪罗六岁的时候就死了。他13岁进入佛罗伦萨画家基尔兰达约的工作室，后转入圣马可修道院的美第奇学院作学徒，在那儿他接触到了古风艺术的经典作品和一大批哲人学者，并产生了崇古思想。米开朗琪罗最初本无意做一位画家，他的志向是成为一位雕刻家，并且只在意"雕"而不在意"塑"：像人们挣脱自己的肉体束缚一样，获得存在的形式。

1496年，米开朗琪罗来到罗马，创作了第一批代表作《酒

第三章 设计自我 规划人生

神巴库斯》和《哀悼基督》等。1501年,他回到佛罗伦萨,用了四年时间完成了举世闻名的《大卫》。1505年在罗马,他奉教皇尤里乌斯二世之命负责建造教皇的陵墓,1506年停工后回到佛罗伦萨。

1508年,他又奉命回到罗马,用了四年零五个月的时间完成了著名的西斯廷教堂天顶壁画。1513年,教皇陵墓恢复施工,米开朗琪罗创作了著名的《摩西》《被缚的奴隶》和《垂死的奴隶》。

1519~1534年,他在佛罗伦萨创作了他生平最伟大的作品——圣洛伦佐教堂里的美第奇家族陵墓群雕。1536年,米开朗琪罗回到罗马西斯廷教堂,用了近六年的时间创作了伟大的教堂壁画《最后的审判》。

之后他一直生活在罗马,从事雕刻、建筑和少量的绘画工作,直到1564年2月18日逝世于自己的工作室中。

生命的气质与个性

第四章　培养自我　张扬个性

培养自我是个性发展的一个重要表现。发展个性与规范行为举止并不矛盾。

培养自我是一个动态的过程，是不断改变自己的过程。而坚持一个方向就是最重要的原则。但是方向也不能完全不修改。我们应该根据行动的各种信息反馈，不断调整方向，增加或减缓速度，必要时要以退为进。

培养自我是建立在过去的基础上的，以过去作为条件。但是，这不意味着人的思想要受过去的限制。在很多情况下，我们需要从头开始，重新开始。过去对现实的影响可能是好的，也可能是坏的，而且在相当多的情况下，不能达到人的期望。所谓"人生十有八九不如意"就是如此。但我们的心情、思想不应该受到过去的不利影响。失败可以积累经验，成功则积累资本和信心。无论是好是坏，都要乐观面对。

培养自我本来是属于"圣洁心灵"和"通达意境"栏目的，因为这是修养的提高，是对社会适应能力的提高。但是，我们最终还是选择在这里设立专题，这是为了说明变化在自我

第四章 培养自我 张扬个性

完善中的重要作用和相关技巧。毕竟，动态地完备身心最为有效。

了解"我"是必须的，但仅仅陷于了解"我"却远远未够。在设计自我的基础上落实到行动上来，那就是如何去培养自我，这也就是本章要探讨的话题。

第一节　培养自我概述

培养自我是在认识自我的基础上，将自我规划进行实践检验，也就是解决"把自己培养成什么样的人"的问题。它是实现自我的一个必不可少的环节，是通向"完善自我，实现自我价值"的必经之路。

在前面的章节里我们谈到，先要认识自我，之后要设计自我，而现在要解决的便是将设计付诸实践——培养自我。否则，之前对自己的认识以及设计便成了空话。

与此同时，时代的进步对人才的要求也越来越多、越来越高，这就给青少年培养和发展自我发出了挑战的信号。如何才能成为社会所需要的人才，如何才能实现自身价值，这些问题便成为迫在眉睫的事情。

那么，从哪些方面进行自我培养，以及如何正确地培养和发展自我，这其中有什么好的途径和方法，这些都是我们需要解决的问题。

第四章 培养自我 张扬个性

轻松一刻：信念二则

下面是两则关于"信念"小故事，可能会对青少年朋友在实现自己理想的道路有所帮助，有所激励。

一壶水

有一年，一支英国探险队进入了撒哈拉沙漠的某个地区，在茫茫的沙海里负重跋涉，阳光下，漫天飞舞的风沙像炒红的铁砂一般，扑打着探险队员的面孔。

口渴似炙，心急如焚——大家的水都没有了。

这时，探险队长拿出一只水壶，说："这里还有一壶水。但穿越沙漠前，谁也不能喝。"

一壶水成了穿越沙漠的信念源泉，成了求生的寄托，感觉使队员们濒临绝望的脸上，又显露出坚定的神色。

终于，探险队顽强地走出了沙漠，挣脱了死神之手。大家喜极而泣，用颤抖的手拧开了那壶支撑他们精神和信念的水——缓缓流出来的，却是满满的一壶沙子！

上学是我最大的幸福

小妹从小就有一个愿望，长大了能够读名牌大学。

小妹没有妈妈，是爸爸捡来的，爸爸是个盲人，小妹和爸爸感情很好，爸爸眼看着小妹一天天长大，很幸福，只是到了要上高中，父女俩已经实在交不出这笔学费了。

爸爸最终还是筹了250元钱（这期间的痛苦已不是任何语言所能表达的），学校也力所能及为小妹减免部分学杂费，小妹进省重点读书了。

小妹很开心，她怎会放过贪婪地汲取知识的宝贵机会。于是，每学期的三好学生名单中都有了她的名字。因为晚上熄灯后要借着宿舍外昏黄的路灯看书，眼睛迅速近视了，班主任帮小妹配了一副眼镜，这是她所拥有的最昂贵的物品。

小妹贫血，因为每天只吃两顿，爸爸每次送来的霉干菜，小妹都可以吃上三四个星期，荤菜小妹想都不敢想。

小妹很快乐，小妹考上北大了，小妹说："我没有什么奢望，上学是我最大的幸福。等将来工作了，我让爸爸好好享享福。"

小妹提前去北京打工了。

第四章 培养自我 张扬个性

第二节 把握方向，发挥特长

这一章节其实就是对"设计自我"的一个深化和提高。如果掌握好了"设计自我"的一些方法，便不难对"培养自我"做深入的探讨。鉴于此，本章就显得较为轻松和便捷。接下来，我们同样采用图表的形式，形象地做层层剖析。

一、培养自我，了解需要是出发点

人有了需要，自然想通过一定的方法和途径去满足该需要，但必须知道需要的内容和方向，并寻求办法获得所需要的东西。为了便于比较，使整个体系更具有逻辑性，同样以"初三学生王小的需求设计"为例：

	是什么	为什么	怎么办
需要种类	具体需求的东西（物质的、精神的）	需要的原因或理由	获得需要的方法
生理需要	各种丰富的食物以及保障我身体感觉舒适的衣物、风扇或空调等。	现在正处于初三学习生活紧张的阶段，需要各类营养补充精力和体力，同时保障身体健康。	1. 家里，向父母提出请求。 2. 学校，向老师或校长提出建议，教室里安装空调，学校食堂尽量营养搭配科学合理。

续表

	是什么	为什么	怎么办
安全需要	爸爸换一个好的工作。	家庭生活稳定，就会给我一个安定学习的环境。	自己的事情自己做，学习生活都不让爸爸操心，让爸爸能够安心工作，这样就有机会加薪或提升。
归宿和爱的需要	妈妈能够陪我吃晚饭，好朋友于晴能够原谅我对她的误会，数学张老师能够经常抽我回答问题。	希望得到妈妈的关爱，老师的关注，朋友的理解，为快乐的学习生活扫清烦恼障碍。	1. 爱是相互的，多关心妈妈，同时与妈妈发生意见分歧时，主动与之交流和沟通。 2. 多向老师请教，查漏补缺，提高自己，多帮老师分担一些班级事务。 3. 对曾经有误会的朋友给予理解和宽容，换位思考，以实际行动感动朋友。
尊重的需要	希望妈妈不要随便翻看我的书包。	每个人都有自己的秘密，不经常同意，随意翻看别人的东西是不尊重人的表现。	1. 告诉妈妈她的行为是错误的。 2. 主动与妈妈交流，让妈妈有更多的机会了解我们这一代人。
自我实现的需要	考上本校高中重点班。	本校高中重点班有特色，有很多同学在那样的班级考上理想的大学，我也有一样的梦想。	1. 分析自己目前的学习状况与重点线之间的差距。 2. 制定详尽的可操作性的各科学习计划。 3. 请求老师、家长和同学的督促，分步骤实施。 4. 分阶段小结，提出整改办法，不断完善和提升，最终减小差距，甚至超越重点线，实现目标。

二、培养自我，增强动机是重要途径

在非洲的一片茂密的丛林中，走着四个皮包骨头的男子，他们扛着一只沉重的箱子，在密林里跟跟跄跄地往前走。他们跟随

第四章　培养自我　张扬个性

队长进入丛林探险，可是，队长却在任务即将完成时患急病而不幸长眠于林中了。临终前队长把他亲自制作的箱子托付给他们，并十分诚恳地说："如果你们能把这个箱子送到我的朋友手里，你们将得到比金子还贵重的东西。"

埋葬了队长以后，他们便扛着箱子上路了。道路越来越难走，他们的力气也越来越小了，但他们仍然鼓着劲往前走着。

终于有一天，绿色的屏障突然拉开，他们历经千辛万苦之后走出了丛林，找到了队长的朋友。可是那个朋友却说："我一无所知啊！"于是，打开箱子一看，竟是一堆无用的石头。

这个故事表面上看起来，是队长给他们的只是一箱无用的石头。其实，他却给了队友们行动的目的，继续走下去的动机和勇气，并最终获得了"比金子还贵重的东西"——生命。

从哲学角度上讲，人不同于其他动物之处就在于，人具有高级的思维能力。所以人不能像其他动物一样浑浑噩噩地活着，人的行动必须有明确的奋斗的目标。这样，行动才能有动力，有方向。

我们在这里要培养的内容就是"动机"，"为什么"便是

"产生动机的原因或理由"，而"怎么办"便是我们"实现动机所要采取的方法或途径"。这与"需要"实现基本上吻合，同学们可以自己完成。

动机的种类	是什么	为什么	怎么办
	动机的具体表现	产生动机的原因或理由	实现动机的方法
生理性动机	希望得到各种丰富的食物以及保障我身体感觉舒适的衣物、风扇或空调等。	现在正处于初三学习生活紧张的阶段，需要各类营养补充精力和体力，同时保障身体健康。	
	希望爸爸换一个好的工作。	如果家庭生活稳定，就会给我一个安定学习的环境，我就不会担心上高中的花费了。	
社会性动机	希望妈妈能够陪我吃晚饭，希望好朋友于晴能够原谅我对她的误会，希望数学张老师能够经常抽我回答问题。	希望得到妈妈的关爱，老师的关注，朋友的理解，为快乐的学习生活扫清烦恼障碍。	
	想跟妈妈谈谈关于她随便翻看我书包的事情。	每个人都有自己的秘密，不经常同意，随意翻看别人的东西是不尊重人的表现。	
	希望考上本校高中重点班。	本校高中重点班有特色，有很多同学在那样的班级考上理想的大学，我也有一样的梦想。	

第四章　培养自我　张扬个性

三、培养自我，树立正确的价值观是方法

谈及价值观，我们仍然以理想为代表，让同学们自己为已经设计好的各类理想想办法达成。同样以"初三学生王小"为例，我们来完成下表：

	是什么	为什么	怎么办
理想的种类	理想的呈现（物质的、精神的）	产生理想的原因或理由	实现自身理想的方法
社会理想	我希望未来社会没有战争，美好和谐，人与人之间充分的信任，相互关爱；科学发达，环境优美，没任何的污染，人人健康长寿。	看到电视媒体上报道一些国家还处于战争状态，人们处于痛苦之中；身边的环境遭到破坏，人的生命健康受到威胁。	1. 关注社会焦点和热点。 2. 学习并掌握相关的知识。 3. 热心社会公益活动，为以后投身社会积累一些经历和经验。
生活理想	希望自己将来有一套宽敞、漂亮的房子，找一个好的伴侣，同爸爸、妈妈、爱人、孩子一起度过愉快的人生。	因为现在自己家的住房很紧张，常常跟爸爸争夺家里唯一的书桌（也是饭桌），但是一家人仍然很快乐。	从现在开始，改变以前懒散的行为，努力学习，首先得考一个重点中学，为以后考个好大学，找个好工作打下基础。
职业理想	我想上完大学之后进入一家外企，然后边工作边进修，拿到博士文凭，争取进入管理层。	因为父辈的影响，想改变家庭清贫状况，让父母过上好日子的欲望。	制定短期、中期和长期计划，一步一步落实，小到每道题，大到每个学科。

续表

	是什么	为什么	怎么办
素质理想	想成为一个追求进步，为人正直，受人敬重，且有生活品位的人。	因为未来如果生活在一个有地位有文化层次的环境，那么就要严格按照这样的标准去做人，才能与之相匹配。	注意现在的言行举止，不说脏话，尊老爱幼，不做有损中学生形象的事情，慢慢培养个人的修养。

一个人的"理想"的实现不是一朝一夕可以完成的，是一个十分漫长而艰辛的里程，它必须要有坚定的"信念"，要有坚强的意志力，并且坚持不懈，持之以恒。

四、培养自我，提高能力是关键

能力有大有小，它不是一成不变的，而是可以改变，可以培养的。在前面一部分，我们详细了解了有关能力的种类，那么我们接下来就想办法，去培养自己事先设计好的"想要达到的能力"，也就是来培养并提高这种能力。

这样一来我们便可以对自己的各种能力，进行有计划、有目的、有具体操作办法的培养和提高，并在实践过程中去不断地修改自己的方法，不断地完善自我，最终实现自己真正想要达到的能力水平。

一位钢琴特长生对自己能力规划的设计：

第四章 培养自我 张扬个性

培养什么		为什么培养	怎么培养
能力的种类	能力的体现	规划能力的潜在因素	培养能力所要采取的方法
了解自我与自我发展潜能的能力	钢琴达十级。	自身乐感强，有一定的音乐天赋。	加强训练，请专业老师教授，每天增加1~2小时练习时间及时复习巩固。
欣赏、表现与创新的能力	在学校50周年校庆登台展示自己的钢琴表演水平。	把学习到的东西及时的表现出来。	主动想学校提出申请并报名参加。
生涯规划与终身学习的能力	高中毕业之后进入专门的高等音乐学府进修，提高钢琴方面的技能。	不断的追求更高水平的需要。	进修 ↓ 交流 ↓ 合作 ↓ 留学 ↓ 展示 ↓ 宣传 ↓ 学习 ↓ 独立
表达、沟通与分享的能力	经常和音乐爱好者交流，分享学习实践中的得与失。	完善自己的需要。	
尊重、关怀与团队合作的能力	参与团队活动，学会与其他乐器的配合或合作。	完善自己的需要。	
文化学习与国际了解能力	留学深造，了解不同国家更多的文化，提升自己。	完善自己的需要。	
规划、组织与实践的能力	能够与他人一起组织一场属于很具特色的钢琴音乐会。	得到社会和他人认可的需要。	
运用科技与资讯的能力	将自己和自己的团队通过网络、媒体等形式进行展示。	得到社会和他人认可的需要。	
主动探索与研究的能力	通过多方学习，不断创新出自主品牌的音乐文化。	实现自我价值的需要。	
独立思考与解决问题的能力	面对各类问题能够独当一面。	实现自我价值的需要。	

五、培养自我，了解气质是必需

对于气质的培养，我在这里不再做详尽的阐释，但大家在做气质培养之前务必要先对自身的气质类型做了测验之后，才能进行这一步"培养和完善"，这样才能对症下药，有的放矢。当然，一个人气质的培养和完善，也非一日之功，是一个较为漫长且成效并不显著的过程，但有一点可以肯定的，一个人去培养自身气质的过程，其实就是不断反思，不断进步且完善自我的过程，是值得且有必要去尝试的事情。

气质类型	自身气质		原因	需要培养和完善的方法或途径
	测量气质（测量结果）	规划气质（欲改变或完善的）		
胆汁质型				
多血质型				
黏液质型				
抑郁质型				

（注：在测量结果下相应的类型画"√"，并对想要培养或完善的气质类型进行分析，提出具体可行的办法。）

六、培养自我，完善性格是根本

对于性格也不再做过多的解释，大家可以根据性格具有的特征对自己的性格做个归纳，然后再做提出改变不良性格或培养良好性格的具体办法。仅以下面简单的几项为例：

性格的性质	性格特征具体表现	保持原因或改变方向	改变不良性格或培养良好性格的办法或途径
不好的	心胸狭窄，嫉妒心强		
良好的	性格开朗、豁达、心胸开阔具有竞争意识		

七、培养自我，发展自我意识是目的

发展自我意识是培养自我的目的。我们可以从以下几方面着手：正确的自我认知——客观的自我评价——积极的自我提升——关注自我成长。因为只有对自我有一个正确、全面的了解之后，才会对自己的各个方面进行客观公正的评价，之后针对评价中的优缺点做出相应的调整，好的继续发扬和提高，不足之处加以改正和完善。这样一来，对自己未来的成长才会有所帮助。

1. 正确的自我认知

"人贵有自知之明"，全面而正确的自我认知是培养健全的自我意识的基础。自我认知是从多方位建立的，既有自己的认识与评价，也有他人的评价。我们不妨自己认真仔细地想一想，用尽量多的形容词描述自己，要忠实于自己的内心。

在此基础上进行第二步，他观自我的描述，描述父母眼中的我、兄弟姐妹眼中的我、老师眼中的我、同学眼中的我，你再寻找这些描述中共同的品质，将其归类。你描述的维度越多，你越

会找到比较正确的自我。做好这一步能够解决"我是谁"的问题。可以用一个图表来描述：

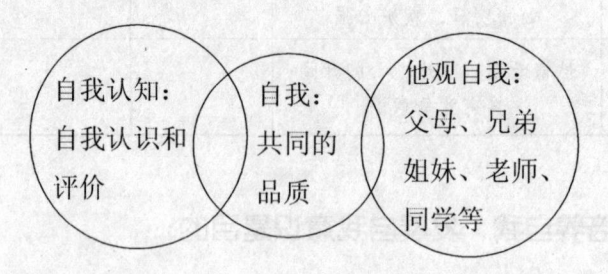

自我认知：自我认识和评价　　自我：共同的品质　　他观自我：父母、兄弟姐妹、老师、同学等

2. 客观的自我悦纳

自我悦纳是自我意识健康发展的关键所在。悦纳自我，首先要接纳自己，喜欢自己，欣赏自己，体会自我的独特性，在此基础上体验价值感、幸福感、愉快感与满足感；其次是理智与客观地对待自己的长处与不足，从中寻找自己的闪光点，即与众不同的独特性。

3. 积极的自我提升

提升的一条途径是提高自我效能感。自我效能感是个体在一定情境下，对自我完成某项工作的期望与预期。当人们期望自己成功时，他必然会尽自己最大的努力，并且当面临挑战性任务时，会表现出更强的坚持力，从而增加了成功的可能性。一般情况下，自我效能感高的人，学业期望就较高。也就是说，自我效能感与成就动机呈正相关性。

另一条途径是克服自我障碍。如果我们对自己的能力程度带有焦虑、不安全感，那么这便是一种自我障碍。在日常生活中，

第四章　培养自我　张扬个性

我们听说了太多这样的故事。比如，由于考试前身体不好，所以在大考中没有取得好成绩。这便是典型的自我障碍，为自己的考大学不成功找到了适当的借口。

一个渴望自我发展的人必须主动克服自我障碍，进行积极的自我提升与自我尝试。积极的自我在尝试中会发现自己的新的支点。

4. 关注自我成长

自我的发展需要不断的自我反思、自我监控。但将成长作为一条线索贯穿于人的始终时，整理自己成长的轨迹显得尤为重要。依照过去、现在、未来进行清理，深刻了解与把握自己。要记住：自我体验永远是个体的，当我们在分享他人自我成长的硕果时，也在促进我们自己的成长。

生命的气质与个性

轻松一刻：詹姆斯·瓦特的人生经历

詹姆斯·瓦特

詹姆斯·瓦特（1737~1819）是英国著名的发明家，是工业革命时的重要人物，被称为"工业革命之父。"

瓦特在1736年1月19日生于苏格兰格拉斯哥附近，克莱德河湾上的港口小镇格林诺克。瓦特的父亲是熟练的造船工人并拥有自己的船只与造船作坊。瓦特的母亲出身于一个贵族家庭并受过良好的教育。他们都属于基督教长老会并且是坚定的誓约派。

瓦特小时候因为身体较弱去学校的时间不多，主要的教育都是由母亲在家里进行。瓦特从小就表现出了精巧的动手能力以及数学上的天分，并且知很多苏格兰民间传说与故事。

瓦特17岁的时候，母亲去世了，而父亲的生意开始走下坡路。瓦特到伦敦的一家仪表修理厂做了一年的徒工，然后回到苏

第四章　培养自我　张扬个性

格兰格拉斯哥打算开一家自己的修理店。尽管当时苏格兰还没有类似的修理店，但是由于他没有做够要求的7年徒工，他的开店申请还是被格拉斯哥的锤业者行会（管理所有使用锤子的工匠）拒绝了。

1757年，格拉斯哥大学的教授提供给瓦特一个机会，让他在大学里开设了一间小修理店，这帮助瓦特走出了困境。其中的一位教授，物理学家与化学家约瑟夫·布莱克更是成了瓦特的朋友与导师。

瓦特的小店开业4年后，在朋友罗宾逊教授的引导下，瓦特开始了对蒸汽机的实验。瓦特也还从未亲眼见过一台可以运转的蒸汽机，但是他开始建造自己的蒸汽机模型。初步的实验失败了，但是他坚持继续实验并且阅读了所有他能找到的有关蒸汽机的材料，独立地发现了潜热的重要性（尽管这在好几年前就被布莱克教授发现了，但瓦特当时并不知情）。1763年，瓦特得知格拉斯哥大学有一台纽科门蒸汽机，但是正在伦敦修理，他请求学校取回了这台蒸汽机并亲自进行了修理。修理后这台蒸汽机勉强可以工作，但是效率很低。经过大量实验，瓦特发现效率低的原因是由于活塞每推动一次，气缸里的蒸汽都要先冷凝，然后再加热进行下一次推动，从而使得蒸汽80%的热量都耗费在维持气缸的温度上面。1765年，瓦特取得了关键性的进展，他想到将冷凝器与气缸分离开来，使得气缸温度可以持续维持在注入的蒸汽的温度，并在此基础上很快建造了一个可以运转的模型。

但是要想建造一台实际的蒸汽机还有很长的路要走。首先是资金，布莱克教授提供了一些帮助，但更多的资助来自于约翰·罗巴克。罗巴克是一位成功的企业家，著名的卡伦钢铁厂的拥有者，在罗巴克的赞助下，瓦特开始了新式蒸汽机的试制，并成为新公司的合伙人。试制中的主要困难还在于活塞与气缸的加工制造工艺上。当时的工艺水平下钢铁工人更像是铁匠而不是机械师，所以制造的结果很不满意。此外由于当时的相关专利申请需要国会的认可，大部分的资金都花费在相关程序上。由于资金的短缺，瓦特不得不另找了一份运河测量员的工作，并一干就是8年。这之后，罗巴克破产，相关专利都由伯明翰一间铸造厂老板马修·博尔顿接手。瓦特与博尔顿从此开始了他们之间长达25年的成功合作。

与博尔顿的合作，使得瓦特得到了更好的设备资金以及技术上的支持，特别是在加工制造工艺方面。新型蒸汽机制造的一个主要困难在于活塞与大型气缸的密合，这个问题最终被约翰·威尔金森解决，他在改进加农炮的制造时提出了一种新的精密镗孔加工技术，可以用于蒸汽机的制造。终于在1776年，第一批新型蒸汽机制造成功并应用于实际生产。这批蒸汽机由于还只能提供往复直线运动而主要应用于抽水泵上。在之后的5年中，瓦特赢得了大量的订单并忙于奔波于各个矿场之间安装由这种新型蒸汽机带动的水泵。

在博尔顿的要求下，瓦特开始继续研究如何将蒸汽机的直线

第四章 培养自我 张扬个性

往复运动转化为圆周运动，以便使得蒸汽机能为绝大多数机器提供动力。一个显而易见的解决办法是通过曲柄传动，但是该项专利所有人，约翰·斯蒂德要求同时分享瓦特此前的分离冷凝器的专利，这一要求被瓦特坚决地拒绝了。1781年，瓦特公司的雇员威廉·默多克发明了一种称为"太阳与行星"的曲柄齿轮传动系统，并以瓦特的名义成功申请了专利。这一发明绕开了曲柄专利的限制，极大地扩展了蒸汽机的应用。

之后的6年里，瓦特又对蒸汽机作了一系列改进并取得了一系列专利：发明了双向气缸，使得蒸汽能够从两端进出从而可以推动活塞双向运动，而不是以前那样只能单向推动；使用节气阀门与离心节速器来控制气压与蒸汽机的运转；发明了一种气压示工器来指示蒸汽状况；发明了三连杆组保证气缸推杆与气泵的直线运动。由于担心爆炸的危险以及泄露问题，瓦特的早期蒸汽机都是使用低压蒸汽，后来才引进了高压蒸汽。所有这些革新结合到一起，使得瓦特的新型蒸汽机的效率是过去的纽科门蒸汽机的5倍。

1794年，瓦特与博尔顿合伙组建了专门制造蒸汽机的公司。在博尔顿的成功经营下，到1824年就生产了1165台蒸汽机。瓦特与博尔顿都赚到了不少钱。

瓦特心思细腻，做事动作迟缓并且非常容易焦虑。他常常会灰心丧气。他会将工作放到一边，感觉好像要彻底放弃了，但他的想像力丰富，总是能想到新的改进方法，以至于很多时候都来

生命的气质与个性

不及一一完成。瓦特的动手能力很强，并可以完成系统的科学的测定，以量化自己的革新效果，帮助自己的理解。

瓦特是一个绅士，为其他工业革命时期的知名人士所尊重。他是伯明翰工业家与科学家组织的"月亮社"的重要成员，总是对新的领域表现出极大的兴趣，被认为是很好的社交伙伴。但他对商业经营却基本一窍不通，特别讨厌与那些有兴趣使用他的蒸汽机的人讨价还价或谈判合同。直到他退休时，他都一直对自己的财物状况感到不安。他的合作者与朋友都是些意气相投的伙伴并能保持长久的友谊。

瓦特在半退休之前也有很多其他发明，比如他发明了一种新的利用望远镜测距的方法，一种新的透印印刷术，对油灯进行了改进，蒸汽碾压机以及延续至今的机械图纸着色法。

1800年瓦特的专利与博尔顿的合作到期，他与同年退休。但他们的合作延续到下一代，马修·博尔顿与小詹姆斯·瓦特继续合作，同时吸收了威廉·默多克为合伙人，保证了了公司的持续成功。

第三节 探索途径，发展自我

前面我们按照培养的内容和方向，对培养自我的各方面个性与品质做了分解，但要做到正确科学的培养和发展自我，还必须获取恰当的途径。在这里给大家介绍6种常见的可行的途径，希望能够引领青少年去正确地培养和发展自我。

一、终身学习与实践

1. 终身学习

我们常常听到这样的说法："活到老，学到老"。其实道理很简单，就是倡导终身学习。所谓终身学习是指社会每个成员为适应社会发展和实现个体发展的需要，贯穿于人的一生的，持续的学习过程。它包括：

生命的气质与个性

无限学习：人生是无限可能的艺术，人有无穷的潜能，只是每个人开发潜能的程度不同。终身学习就是无界限的学习，要打破界限，跳出思考框架来学习。

自觉学习：经营自己的人生要回到原点思考，了解到自己是谁，在人生旅途中想得到什么，自己的优点及弱点有哪些。因此，觉察自己是非常重要的，反省检讨自己的心结在哪里、盲点是什么、有哪些设限需要突破，是自我前进的关键途径。

流通学习：由于流通的年代来临，故步自封的人将难以适应这个年代。有一句话说："不在乎天长地久，只在乎曾经拥有"，分享重于拥有的价值观已开始流行，与人分享愈多，自己将会拥有愈多。

快乐学习：人生的旅途充满逆境与困难，因此有人说"人生不如意十之八九"。其实，人生可以是很美好的，但关键是自己内心要有快乐的源泉。终生学习就是要快乐学习，开放心胸并建立正确的心智模式，透过学习让自己完成心理准备，足以适应各种挑战及挫折。

改造学习：改造包括心智模式的转换及思维模式的改变，这种改造的效果往往是巨大的。

网络学习：一方面是指个人要善用因特网来进行实时学习，另一方面则是透过人脉网络的建立，来分享彼此的经验与智慧。

国际学习：今天，我们面对的是无国界管理的时代，不论是商品、技术、金钱、信息、人才等，皆跨越国界流通。因此，身为现代的青少年的我们，学习的空间也随着无国界的扩展而更

第四章 培养自我 张扬个性

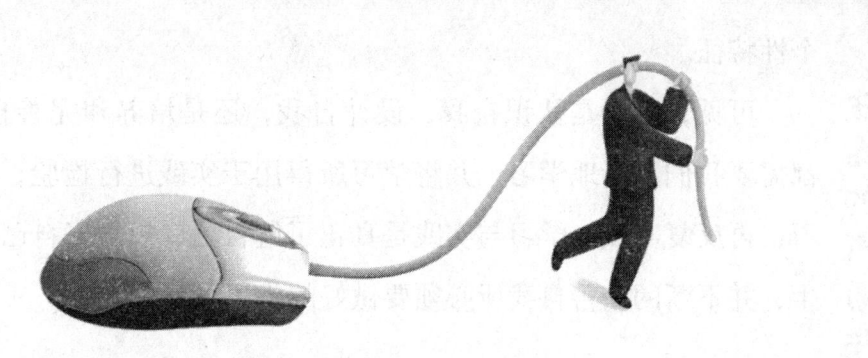

大，了解跨文化的沟通及内涵，学习与不同文化、不同种族的人合作，开创全球化的生涯。

自主学习：由于每个人有各自的人生远景目标，因此，在个人进行自己的生涯规划时，更要自主地选择学习项目，安排自主学习计划，以迎接各种挑战。

2. 反复实践

社会生活实践领域很广，主要有社会活动、生产活动、科学实验、文化、文学艺术等等。实践活动是人的主观世界与客观世界的纽带。人通过实践活动，将外界事物反映到我们的大脑，达到认识世界，形成客观世界的目的。社会世界决定着人的个性形成。

对于没有走上社会的青少年来说，除了课余时间参加少量的社会事务之外，如公益活动，社会实践更多的是通过家庭、学校影响着他们。而走上社会的青年，为了适应日益扩大的生活领域，在他们所从事的工作中，反复学习担当新角色应有的行为方式和对人对事的态度的过程中，形成或改变、培养或完善着某些个性特征。

可见，无论是认识自我，设计自我，还是培养和完善自我，都需要我们不断地学习，并将学习所得用于实践进行检验，再学习，再反复实践。学习与实践是真正了解自己，规划好自己的人生，并不断的完善自我所必须要做好的头等大事。

二、家长和教师的引领

虽然家长和老师在孩子的教育问题上扮演着不同的角色，但他们对青少年的培养和发展都起着重要的引领作用。

1. 家长的引领

家庭的气氛，父母的素质，家庭其他成员的言行，都是孩子接触最早，也是最多体验最真实的东西，它们有意无意地影响着孩子个性的养成，有的甚至就是父辈的翻版。比如，我们拿"家长对孩子性格的影响"来说，有的家庭里，夫妻之间表现得彬彬有礼，和蔼可亲，家庭成员对邻居和气，处事通情达理，那么孩子也就善与人交往，团结伙伴，性格很好。而有些家长言行粗鲁，互相争吵成风，与邻里不和，那么孩子也常常会蛮不讲理，出言不逊，性格暴躁。有的家长不尊敬老人，甚至虐待，孩子也跟着学，慢慢则可以认为人老了无用，从而对老人冷酷，缺乏同情心，性格古怪。

再比如，父母对待子女不公平时，受偏爱者可能有洋洋自得、高傲等表现，受冷落者则容易有嫉妒、自卑等表现。再如，

第四章 培养自我 张扬个性

有的父母喜欢女孩，让男孩子从小扮演女孩子的角色，着女装，和女孩子在一起玩，称他"妹妹"。久之，男孩子在心理上以女孩自居，长大后便会形成许多女孩子的特征，缺乏男子风度；相反，有的则反其道行之，让女孩子慢慢形成男孩子的动作和性格。

由此可见，家长在培养孩子个性与气质的形成过程中起着十分重要的作用。"引"得好，便可以成功；"引"得不好，会失败，会使孩子走弯路，甚至误入歧途。对于这点，青少年朋友应该根据自己所学所见，学会分辨是非，什么是可以学的，什么是不能"拿"来就用的。

当然，不可否认的是，有些家长的知识面或许不一定很广，但其社会阅历却很丰富。对于这样的家长来说，他们身上的闪光点也是值得青少年必须学习的。

下面是对家长研究中概括出的"父母的教育方式对孩子个性的影响"，可以供大家做参考：

父母的态度	孩子的个性
支配	消极、缺乏自主性、依赖性强、顺从型
干涉	神经质、被动、幼稚
娇宠	任性、放肆、幼稚、神经质
拒绝	自我显示、冷淡、乱暴（粗鲁混乱）
不关心	攻击、情绪不安定、冷酷、自立
专横	反抗、情绪不安定、依赖、服从
民主	协作、独立、坦率、社交强

2. 教师的引领

学校是以教师和学生之间的相互关系为主轴构成的社会集体。从教师对学生关系来说，教师有一定的权威性，学生常常以教师的行为、品质作为衡量自己的标准，尤其是低年级的学生，他们倾向于把教师的行为方式，思维方式和待人接物的态度理想化，以此作为自己的行为典范。教师影响着学生的智慧、感情和意志品质的发展，影响着他们的生活，也影响着他们个性与气质的形成与发展。

到了中高年级，随着学生兴趣的分化，他们对同龄人的见解和行为方式在很大大的程度上能辨别。这时，同学们可以通过各种方式去培养自己的个性和气质。相对来说，教师在学生心目中的理想化地位有所降低，但教师的影响作用依然很重要。

为了引导和引领学生培养和发展自我，教师必须竭力使自己成为学生的"表率"，首先要求教师从各方面完善自己（知识、能力、情感、态度、价值观等）；其次，建立正确、和谐师生关系；再次，指导和调控学生，使他们在掌握一定知识体系的基础上形成一定的观点和信念；最后，帮助学生培养和完善自我，形成完美的道德品质和个性品质。可见，教师对学生培养自我这一过程起着不可替代的作用。

下面是著名的心理学家黑林曾做的一项研究："教师的人格、态度的不同类型与孩子个性的关系"。结果表明：

教师类型＼学生类型及其表现	努力型	顺应型	抗争型
自由型教师	表现一样：听话、懂事、学习刻苦努力	最好（鼓励情况下）	不太好
遵守规律型		一般	较好（不施压情况下）
关心型		一般	不太好

上表的研究仅仅从学习效率方面入手，而且对人格、态度的划分也是十分简单的，仅仅作为学习条件中诸多因素的一个参考。但是我们可以看出，教师在这个过程中，一个显著特点就是"引导、带领"。当然，引领也是需要双方彼此配合的，教师可以将自己的学识，通过人格魅力、教学态度展现给学生，给学生立个"样子"，但真正要培养和发展自我，还离不开学生主观的努力。

三、利用榜样作用

在"设计自我"中，我们已经对这个问题做了比较多的介绍，那么在培养自我的过程中，依然可以借鉴榜样的作用。

四、同伴的建议

生活在学校中的青少年，除了与教师存在纵向关系外，与同伴、朋友之间还存在着横向关系。在学校的班集体中有同窗关系，在校外生活和实践也结成同伴关系，这些关系影响着青少年的个性形成与发展。

在刚进入一个新的学校，一个新的班集体，班级中每个人之间还是孤立存在的集合体，每个同学都依赖于教师，表现为结合成纵的关系。可一学年的下学期，班级中相互关系出现了横的结合，组成若干个非正式小团体。不久，在这些团体中，就产生了"统领者"和"服从者"之间的关系。在这样的同伴关系中，他们一起学习、生活，一起参与各类实践活动，彼此很信任对方，互相倾诉衷肠，他们了解彼此的兴趣、爱好以及生活、学习中所表现出的个性特点。

我们的青少年往往会把这样的团体看得很重要，也非常重视他们对自己的评价和建议。但在对待同伴的评价和建议时，很多人只能接受好的建议，却往往受不了批评意见。这样一来，不仅破坏了同伴关系，还错失了"忠言逆耳利于行"的大好发展机会。当然，由于作为同是青少年的他们，因为年龄与阅历的束缚，使得他们的评价或建议不一定客观公正，有时还难免错误，那么在这个时候我们就得借助其他途径，善于归纳和分析，综合各方面的评价和建议，以避免在培养和发展自我的过程中走弯路，走错路。

五、群体成员间的相互影响

作为青少年，我们所处的最基本的群体就是学校这一群体，具体落实到学校的基本组成班集体。一个班集体的特点、要求、

第四章 培养自我 张扬个性

舆论和评价对学生自我的形成和发展有具体影响。但并不是任何班集体都可以发挥积极作用。那么，什么样的班集体才能使其成员既有积极性、主动性又有纪律性，才能促使其成员形成优良的品质呢？我想，应该是具有正确而明确的目的性的，挑选合适的班干部组织其领导核心的，建立起民主气氛、发扬正气、与不良倾向作斗争的，对它的成员有严格要求的班集体。

集体生活

比如，一个班集体是积极向上的团体，因为相互的影响，达成了为集体服务的共识，那么他们在参与班级、校级活动甚至更高一级的集体活动时，就会表现得十分团结上进。即便有个别人最初并没有这样的想法，但受到群体的相互影响，渐渐就融入其中，成为其中一员，在不知不觉中就培养起了热爱集体的良好品质。可见，一个集体的力量有多大。

再比如，一个学科教师在教学中，严格按照学科知识的特点进行系统地教授，一步一个脚印，训练学生有明确的目的的，连续的，有条理的工作作风。这样一来，使学生在克服学习困难中培养起坚毅、顽强的品质。同时，他们将这种品质转移到集体活动中，养成了严密的组织性和纪律性。群体中绝大多数人都按照这样的规则去学习、生活和实践，少数的人也一样会受到相应的影响，而这种影响对个体的发展是起到积极作用的。当然，如果一个群体中不良风气占了上风，个体能不能受到影响，还在于自身意志力的坚定与否。

六、自我反思

无论做什么事，无论在实践的哪个阶段，我们都必须及时地归纳、总结和反思，以便在最短的时间里了解反馈信息，并根据反思的结果及时调整实施步骤和方法，从而提出下一阶段改进或努力的方向。

青少年对学习的自我反思，可以帮助他们对自己的学习过程进行有效的监控，促进学生对自己的努力程度和学习成效的进行反思，鼓励学生积极思考到底想学什么，提高他们的学习动机，增强他们对自己学习上取得的成绩的荣誉感，形成对自己的弱点有客观的评价，学会为自己的学习成效承担责任，逐渐成为自律学习者。下面，我们就以学习中的自我反思为例，主要从3个方面来着手：

1. 对一道题的反思

培养学生对解题的成功和失败做出反思，特别是培养学生对"错题""不会题"的反思，因为"错题""不会题"往往是教学过程中的重难点、关键所在，是学生认知结构的断链处，如果没能及时解决，就会影响后继课程的学习。因此，建议每一位学生建立"学习档案"，专门用来收集"错题"和"不会题"，并在"错题"和"不会题"下面写出自己思路被卡的情况，然后放到"学习档案"里。这份"学习档案"应主要从下面4点来反思：1. 这道题我是怎么做错的？2. 我为什么会想到这样做？3. 正确的做法是什么？4. 我这样做为什么不行？

比如有这样一道应用题：

把一根长12米的木材，依次锯成长度相等的若干段，锯了3次，每段长多少米？

大部分学生解法是：12÷3＝4（米）。张某某同学这样反思到："做错的原因是我太粗心，心太急了，根本没有仔细的去思考'锯了3次'的真正意思，想当然的认为'锯了3次'就是'锯了3段'，所以做错了。锯了3次，应该有4段，正确的答案是：12÷（3＋1）＝3（米）"。李某某同学这样反思到："做错的原因是我没有细心读题，认为这道题很简单，没有认真思考，我这样粗心的做题习惯是不行的，我会认真改正的"。

学生对自己的解题思路进行认真地回顾和分析，让自己明白为何出错，然后通过思路的对比，这样可以帮助自己从错误的反省中引起对知识更为深刻的正面思考。

2. 对一堂课的反思

在传统的课堂教学中，大部分同学忽视了对课堂学习的反思，常常在课后便把老师讲的东西抛到脑后。其实，课堂学习正是学生元认知（元认知是对认知的认知。具体地说，是关于个人自己认知过程的知识和调节这些过程的能力）体验和积累的最佳时机。这时学会自我反思，不仅可以及时了解自己对知识的掌握情况，还可以对自己的学习方法进行及时的调整。

那么，如何对一堂课进行反思呢？我们可以试着做"课堂反思卡"和"学习日志"。通过这两项活动，进而及时反馈学习中的疑惑点。

课堂反思卡

__月__日 星期____ 第__节 班级_____ 姓名_____

1. 教学内容：_____
2. 在这堂课中，哪些地方我感兴趣？哪些地方不感兴趣？为什么？
3. 在这堂课中，我的表现如何？（如是否积极思考，专心听讲等）
4. 这节课我最大的收获是什么？（我学会了什么？是怎么学的？）
5. 老师，我想对你说：

在一天的学习中，我们不仅要在对每堂课进行透彻的反思，而且还要在一天课程学习结束以后，坚持写"学习日志"。"学习日志"记录的内容是十分广泛的，既可以描述学习中的感受和体会，也可以记录下与老师、同学在一起的快乐时光。

3. 对一次考试的反思

在应试教育的影响下，大部分同学都非常重视考试以及试卷

第四章 培养自我 张扬个性

的评析，但却忽视了评析后的自我反思，部分同学只是根据老师的标准答案加以改正就好了，没有真正理解错误的原因。部分同学再次遇到这类题目时又犯错误，从而失去学习的兴趣和信心。我们可以采用填写"检测分析反馈表"和开展"讨论会"的形式来反思最近一段时间的学习情况，做到查漏补缺。

检测分析反馈表

__月__日　星期__　检测单元____　班级____　姓名_____

1. 订正试卷中错误的题目，并思考做错的原因？
2. 如果试卷让我出，我会出什么样的题目？
3. 我对自己这次的成绩满意吗？为什么？
4. 我想对出卷的老师说些什么？

"讨论会"主要是针对学生在试卷中出现的问题进行探讨，可以在同学间、师生间开展讨论。这不仅可以使学生了解其他同学的学习情况，从其他同学那里获得新的信息，明确自己学到什么，还可以使学生了解自己仍需要学什么，从而激发学习的动机，体验成功的喜悦。

总之，自我反思是元认知策略形成的重要标志，是元认知监控的最高形式，一个人在学习、生活和实践中能做到经常地自觉地自我反思与评价，其认知能力就能不断地提高，人才会不断进步和完善。

轻松一刻：古人自省的故事

周处除三害

> 周处（236年~297年），字子隐。东吴吴郡阳羡（今江苏宜兴）人，鄱阳太守周鲂之子。周处年少时纵情肆欲，为祸乡里，为了改过自新去找名人陆机、陆云，后来浪子回头，改过自新，功业更胜乃父，留下"周处除三害"的传说。吴亡后，周处仕西晋，刚正不阿，得罪权贵，被派往西北讨伐氐羌叛乱，遇害于沙场。

周处年轻时，为人蛮横强悍，任侠使气，是当地一大祸害。义兴的河中有条蛟龙，山上有只白额虎，一起祸害百姓。义兴的百姓称他们是三大祸害。三害当中，周处最为厉害。有人劝说周处去杀死猛虎和蛟龙，实际上是希望三个祸害相互拼杀后只剩下一个。周处立即杀死了老虎，又下河斩杀蛟龙。蛟龙在水里有时浮起、有时沉没，漂游了几十里远，周处始终同蛟龙一起搏斗。经过了三天三夜，当地的百姓们都认为周处已经死了，轮流着对此表示庆贺。

结果周处杀死了蛟龙从水中出来了。他听说乡里人以为自己已死，而对此庆贺的事情，才知道大家实际上也把自己当作一大祸害，因此，有了悔改的心意。

第四章　培养自我　张扬个性

于是，他到吴郡去找陆机和陆云两位有修养的名人。当时陆机不在，只见到了陆云，他就把全部情况告诉了陆云，并说："自己想要改正错误，可是岁月已经荒废了，怕最终没有什么成就。"陆云说："古人珍视道义，认为'哪怕是早晨明白了道理，晚上就死去也甘心'，况且你的前途还是有希望的。再说人就怕立不下志向，只要能立志，又何必担忧好名声不能传扬呢？"周处听后就改过自新，终于成为一名忠臣。

生命的气质与个性

第五章　完善自我　毕生发展

　　西班牙画家、雕塑家巴勃罗·毕加索，现代艺术的创始人，西方现代派绘画的主要代表。当代西方最有创造性和影响最深远的艺术家，他和他的画在世界艺术史上占据了不朽的地位。他的一生仅在绘画风格上就经历了蓝色时期、玫瑰时期、立体主义时期、古典时期、和超现实主义时期、蜕变时期和田园时期等。

　　人格的发展如同毕加索的绘画风格一样，也是一个连续不断的过程，它贯穿于一个人的毕生。人格在不同时期，不同年龄阶段呈现出不同的特点，在毕生的实践中得以不断完善。

第五章　完善自我　毕生发展

第一节　人格毕生发展概述

当我们把视野从个性与气质的视角扩展开去，我们所看到的就是人格的毕生发展。在了解毕生发展之前，我们先来了解一下人格。

一、人格及特征

人格是个体在行为上的内部倾向，它表现为个体适应环境时在能力、情绪、需要、动机、兴趣、态度、价值观、气质、性格和体质等方面的整合，是具有动力一致性和连续性的自我，是个体在社会化过程中形成的给人以特色的心身组织。（《人格心理学》，黄希庭，浙江教育出版社，1998）

这个定义揭示了人格具有整体性、稳定性、独特性及社会性等四个基本特征。

人格的整体性　人格包括动力、特征、调节等子系统，是由能力、需要、动机、兴趣、态度、价值观、气质、性格等各种成分构成的有机整体。这些成分在人格系统中密切联系，协调运作，表现出生机蓬勃的整体的人。人格的整体性丧失，个人心理的和谐统一性受到破坏，就会出现自我调节不良，社会适应力差，亦即个人心理和谐及其个人与环境的和谐关系被打破，便可能出现各种疾病，甚至变态。比如一个脆弱的人受到重创，可能

生命的气质与个性

对社会产生仇恨或惧怕等情绪，就会给人格造成某些缺陷造成。

人格的稳定性 人格具有跨时空的持续一致性，它经常地、一贯地体现在一个人的心理和行为上，表现为昨天的我和今天的我，乃至明天的我在不同情境下稳定的心理和行为特征，展示稳定的自我。人格的稳定性并不排斥人格的发展变化。随着年龄的增长，人格随着社会环境因素和个人实践的变化而发生相应的不同程度的变化。完整地说，人格是稳定性和可变性的统一。比如一个人善良的本性不变，同时又学到好多美好的品行，不断完善自己，终究培养出中国传统知识分子眼中的"圣贤人格"。

李白

人格的独特性 人格是个人独特的心理和行为的整合。不同的人，其人格构成的内容和结构具有其独特性。世界上没有完全相同的两片树叶，也没有完全相同的个人。人格的独特性源于个人先天的生理基础和人格形成发展的环境的差异，及这些因素其作用内容、程度的差异。人格的独特性中也包含着人格的共性。人类文化造就了人性，同一民族，同一阶层，同一时代的人们总是有着一些相同或相似的人格特征。因此，人格是独特性和共同性的辩证统一。豪放的李白、沉郁的杜甫、旷达的苏轼，这些历史人物，他们各有特点，从他

第五章 完善自我 毕生发展

们身上都可以看到民族文化的强烈痕迹。

人格的社会性 人格是个人在生理素质的基础上，通过社会化过程而形成和发展起来的。人格的形成受个人先天素质的制约，又受社会环境的巨大作用，个人的先天素质是人格发展的基础，为一个人人格的发展提供范围和潜力。社会化过程是人格形成的决定因素。社会化即个人在与他人、社会交往中学习和掌握社会规范、社会文明，获得自我的过程。正是在这个过程中，在复杂的社会化内容，诸如文化传统、民族习惯、社会制度、个人家庭及其个人生存的自然和社会环境等作用下，个人获得了需要、能力、价值观、性格等人格特征。人格既是社会化的对象，又是社会化的结果。社会剥夺，将使人丧失人性，不能形成人格。社会性是人格的本质属性。从整体来讲，美国人热爱自由，而中国人讲求礼仪，这是传统文化延伸的产物，是社会发展的结果。

自由女神像

人格和个性常常作为同义词使用，但这是两个概念是有区别的，比如，个性是指人的个别差异，是从差别的角度来看一个人不同于他人的特点。人格则是对一个人的总的描述，个性仅表达人格的独特性，人格还有整体性等特点。又比如，个性是相对于

生命的气质与个性

共性而言的，世界上的万事万物都有个性，人也有个性。人格只是对人而言的。它既包含个人与他人共同的或相似的特征，即共性，又包含个人独特的特性。所以人格概念比个性概念具有更多的内涵和外延。

从人格与气质的关系来看，气质是个人生来就具有的心理活动的动力特征，它是一种依赖于生理素质的人格特征。气质与人格有密切的联系，气质是先天禀赋，是人格形成的原始材料之一。人格的形成不可能离开气质，它使个人的全部心理活动染上独特的色彩。同时，人格的形成除了气质、体质等先天禀赋作基础外，社会环境的影响起着决定性作用。

如此而言，人格是个人各种稳定特征或特质的综合体，它显示出个人的能力、思想、情绪和行为的独特模式。个性是指人格的独特性，气质是人格发展的先天基础，性格乃是个人后天形成的道德行为特性。因此，这些术语虽有区别，但它们都属于人格，是人格的组成部分。

二、人格毕生发展及特征

广义地说，个体从生到死，生理和心理都处在不间断的变化过程之中，都可以称之为发展。狭义地说，人在生长过程中，身心向进步积极方面的变化叫发展。人格毕生发展是指人类个体从出生到成年，经历衰老至死亡的整个人生历程，由于经验与内部成长的相互作用，其人格及其各成分随年龄推移发生连

第五章　完善自我　毕生发展

续变化。这种变化既包含量变,又包含质变;既指上升的、前进的、积极的变化和过程,又指下降的、衰退的、消亡的过程。

人格的毕生发展应强调两个方面:

一是人格整体发展观念。即人格的多种成分和特质的连续变化以及这些成分和特质在人的自我意识的支配下不断协调与整合而形成的一种人生的定向运动。

二是人格毕生发展的观念。特别是成年期以后的人生不是一片绵延的"高原",由于成年期后,人生还将面临诸如继续学习、从事职业活动、组建家庭、生儿育女等重大课题,因此人格的发展应包括成年期后的进展,直至生命终止的人生全过程。毕生发展应是个体自卵细胞受精开始的胎儿期到脱离母体后经历婴儿、幼儿、儿童、少年、青年、壮年、中年、老年各阶段,直至生命终止的发展全过程。

这里要特别强调的是,我们所讲的人格发展,包含三个方面的含义:

一是指人格的整体发展,包括能力、情感、需要、动机、兴趣、态度、信念、价值观、性格、行为等成分和特质的连续变化,以及这些成分和特质在自我意识调节下的协调与整合运动。

二是指人格向进步的、积极的方向变化,亦即在社会化实践过程中,根据社会和时代对自身的规范性要求、自己的个性特点需要,找到自身完善人格的目标、内容和方向,以认识社会、认识自己、协调自己与社会的关系为根本点，并立足于自身在气质等方面的个性和特长，在自我意识的调节下使自己人格的各种成分和特质，以及这些成分和特质的协调与整合连续不断地向积极的、进步的方向运动，以形成和完善其职业理想人格。

三是指青年期及其之后的人格发展。包括青年、壮年、中年、老年各阶段，这个过程贯穿于我们的终生。

人格发展有连续变化中的阶段性，定向发展中的顺序性，统一发展中的均衡性，共同模式下的个体差异性等。下面，我们来具体看看人格发展中的这些特征吧。

连续变化中的阶段性 人格的发展遵循质量互变规律。事物发展是从量变开始的，量变到达一定程度，一定会引起质变，质变完成量变，事物在新的质态的基础上，又会引起新的量变，事物的变化是连续的，不间断的。事物的变化发展，又呈现出阶段性，每一次质变，事物都从一个阶段过渡到了另一个阶段，因此事物的发展是连续性与阶段性的统一。人格发展的连续变化中呈现出阶段性，每一阶段既包含了前一阶段的因素和成果，又孕育着后一阶段的新质，体现了发展的连续性。

对于人格发展的阶段性，德国发展心理学家埃里克森将人生全过程的人格发展分为8个阶段，并揭示了各个阶段人格发展危机的性质。

第五章 完善自我 毕生发展

埃里克森理论的心理社会发展阶段

期别	年龄	发展危机	发展顺利者的心理特征	发展障碍者的心理特征
1	0~1岁	信任对不信任	对人信任,有安全感	面对新环境时会焦虑不安
2	1~3岁	自主行动对羞怯怀疑	能按社会要求表现目的性行为	缺乏信心,行动畏首畏尾
3	3~6岁	主动性对退缩愧疚	主动好奇,行动有方向,开始有责任感	畏惧退缩,缺少自我价值感
4	6~12岁	勤奋进取对自贬自卑	具有求学、做事、待人的基本能力	缺乏生活基本能力,充满失败感
5	青年期	自我同一性对角色混淆	有了明确的自我观念与自我追寻的方向	生活缺乏目的与方向而时感彷徨与迷失
6	成年期	亲密感对孤独感	与人相处有亲密感	与社会隔离,时感寂寞孤独
7	中年期	创造力感对自我专注	热爱家庭、关心社会,有责任心、有义务感	不关心别人与社会,缺少生活意义
8	老年期	完善感对绝望感	随心所欲,安享余年	悔恨旧事,悲观失望

从埃里克森的发展阶段论看,我们这里讲的人格发展包括人格发展阶段中的青年期、成年期、中年期和老年期。

定向发展中的顺序性 即人格发展是一种定向运动。许多人格特性的发展都是由系统到分化,再到整合。在定向发展过程中,各阶段之间的更替衔接总是遵循着固定的顺序,不可颠倒,也不可逾越。

统一发展中的不均衡性　各种人格特性或成分处于相互影响、相互制约的统一发展过程中，但发展是不均衡的。这种不均衡性表现在：人格整体特性在其发展过程中速度的不均衡及其各种人格特性在发展的起始时间、速度、成熟程度等方面的不均衡。

共同模式下的个别差异　人是不同的个体，由于他们各自的遗传因素和所处的环境影响因素不同，在身心特性方面呈现出许多的差异。其中最主要的是能力、动机、气质、性格上的差异，这些差异就使得个人与环境的交互形式、程度上的不同，从而使人格发展呈现出共同模式下的个别差异。

第五章　完善自我　毕生发展

轻松一刻：命运多舛的贝多芬

贝多芬于1770年12月16日诞生于德国波恩。父亲是该地宫廷唱诗班的男高音歌手，碌碌无为、嗜酒如命。母亲是宫廷大厨师的女儿，一个善良温顺的女性，婚后备受生活折磨，在贝多芬17岁时便去世了。

贝多芬是家中7个孩子中的第2个，因长兄夭亡，贝多芬实际上成了长子。他的母亲第一次嫁给一个男仆，丧夫后改嫁给贝多芬的父亲。艰辛的生活剥夺了贝多芬上学的权利，他自幼表现出的音乐天赋，使他的父亲产生了要他成为音乐神童的愿望，成为摇钱树。父亲不惜打骂，迫使贝多芬从4岁起就整天没完没了地练习羽管键琴和小提琴。

7岁时贝多芬首次登台，获得巨大的成功，被人们称为第二个莫扎特。此后拜师于风琴师尼福，开始学习作曲。11岁发表第一首作品《钢琴变奏曲》。13岁参加宫廷乐队，任风琴师和古钢琴师。1787年到维也纳开始跟随莫扎特、海顿等人学习作曲。1800年，在他首次获得胜利后，一个光明的前途在贝多芬的面前展开。可是三四年来，一件可怕的事情不停地折磨着他，贝多芬

贝多芬

发现自己耳朵变聋了。原来，钢琴声的分贝数一般在80至90分贝之间，人不能在85分贝或更高分贝的噪音环境中停留超过6小时，贝多芬热爱练习钢琴，因此导致耳聋，但是对于一个音乐家来说，没有比失聪更可怕的了。

贝多芬无时不充满着一颗火热的心，可是他的热情是非常不幸的，他总是交替地经历着希望和热情、失望和反抗，这无疑成了他的灵感源泉。1801年，贝多芬爱上了朱列塔·圭恰迪尔，他把《月光奏鸣曲》献给她。但是风骚、幼稚、自私的米列塔不理解他崇高的灵魂。1803年米列塔与伽仑堡伯爵结婚，这是令人绝望的时刻，贝多芬曾写下遗书。

1803年他从灰暗中走出来，写出了明朗乐观的《第二交响曲》。之后更多更好的音乐在他的笔下源源不断的涌现。《第三交响曲》（英雄）、《第五交响曲》（命运）、《第六交响曲》（田园），还有优美动听、洋溢着欢乐的小提琴协奏曲，以及绚丽多彩的钢琴协奏曲和奏鸣曲。

1823年，贝多芬完成了最后一部巨作《第九交响曲》（合唱）。这部作品创造了他理想中的世界。1826年12月，贝多芬患重感冒，导致肺水肿。1827年3月26日，贝多芬终于咽下最后一口气，原因是肝脏病。在他临终前突然风雪交加，雷声隆隆，似乎连上天也为这位伟大音乐家的去世而哀悼！贝多芬的葬礼非常隆重，有2万多人自动跟随灵柩出殡，遗体葬于圣麦斯公墓，而他的墓旁则是舒伯特的坟墓。终生

第五章　完善自我　毕生发展

未婚。

这位伟大的作曲家只在人世间停留了57年，一生完成了100多部作品。主要作品有交响乐9部；管弦乐几十首（《爱格蒙特序曲》最为著名）；钢琴协奏曲5首，小提琴协奏曲一首；其他协奏曲5首；钢琴奏鸣曲32首（热情、月光、悲怆、黎明、暴风雨等最为著名）；室内乐80首；歌剧1部《弗德里奥》；另有神剧1部；弥撒曲2首等等。

第二节　人格发展的制约因素和阶段特征

一、制约因素

人格的毕生发展，是各种因素的交互作用的产物。遗传、环境与自我之间，已经成长起来的人格主体与环绕他的社会环境之间，发生着各种形式复杂的交互作用，而人格的发展是各种制约因素交互作用的结果。表现在人格内部各种因素之间、环境与遗传之间，已形成的人格与环境之间的交互作用。正是这些因素的交互作用，影响人格的进一步发展。

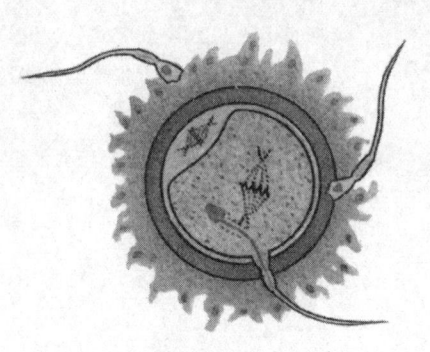

当精子遇到卵子

遗传因素制约人格发展　人格是在个体生理素质的基础上，通过社会化过程而形成的，个人的先天素质是一个人人格发展的基础，为人格的发展提供范围和潜力，个人在气质等方面的特点与差异对人格的发展也具有制约和影响。一个人人格的丰富、完善要立足自身的遗传生理因素和气质方面的特点而尽力去超越。遗传因素提供的发展潜力和范围，需要在良好的环境下才能充分地转变成现实的人格品质。

人的主观能动性与人格发展　人是具有主观能动性的，主观能动性又叫自觉能动性，它是人所特有的能力与活动，包括认识、改造世界，认识、改造自身的能力与活动及其在这些活动中所具有的精神状态，即意志、信念等。

正因为人具有主观能动性，才使人在与环境的交互作用中不是消极被动的，而是积极能动地认识和改造环境，认识和改造自我。这种能动性在人格结构中称为自我意识，它是人格的核心，在人格发展中发挥着动力与定向作用，成为人格发展的组织者和推动者。

环境因素决定人格发展　环境因素以个体出生时间为界限可分为胎内环境和出生后环境，按性质也可分为自然环境、社会环境。无数研究表明，人格的发展是个体与环境交互作用的结果。环境因素对人格的发展具有重要的作用。具体来说，影响人格发展的环境因素很多，主要包括自然环境，它是人类生存和发展所依赖的各种自然条件的总和。人类是自然的产物，自然是人类赖以生存的物质基础。

自然环境不等于自然界，只是自然界的一个特殊部分，是指那些直接和间接影响人类社会的那些自然条件的总和。随着生产力的发展和科学技术的进步，会有越来越多的自然条件对社会发生作用，自然环境的范围会逐渐扩大。

社会环境，它是指人类生存及活动范围内的社会物质、精神条件的总和。广义包括整个社会经济文化体系，如生产力、生产关系、社会制度、社会意识和社会文化。狭义仅指人类生活的直

生命的气质与个性

接环境，如家庭、劳动组织、学习条件和其他集体性社团等。社会环境对人格的形成和发展进化起着重要作用，同时人类活动给予社会环境以深刻的影响，而人类本身在适应改造社会环境的过程中也在不断发生着的变化。

知识经济与信息时代的特征，将对我们的人格发展产生重大影响。知识经济与信息时代的特征可概括为：全球化、知识化和信息化。从知识化看，自20世纪60年代以来，微电子、计算机、通信等新兴产业迅速发展，带来数字化、网络化、智能化、集成化的经济走向，不仅兴起了信息产业，也在经济社会各个方面从工农业到工作方式产生着巨大影响。从信息化看，社会经济结构以服务性行业为主，专业和技术阶层逐渐成为职业主体，知识创新成为社会发展的主要动力，人们更加关注社会未来的发展趋势，信息技术的发展，为人类与自然和谐发展创造了有利条件。

在知识经济信息化时代，社会是开放的，知识是共享的，信息传播的速度是惊人的。我们必须吸取世界上最优秀的知识，在此基础上进行创造，才能加快发展。总之，我们要把更多的注意力放到培育自身创新能力上，要更多地吸取外来优秀科技与文化

第五章　完善自我　毕生发展

成果，更要以我为主，充分发挥自身创新能力。

二、阶段特征

从埃里克森的发展阶段论看，一个人如果能顺利地通过1~12岁的前四个阶段，进入青年期，人格发展所面临的危机是自我同一性对角色混淆。这一时期人格发展顺利者，就会有明确的自我观念与自我追寻的方向；发展障碍者生活缺乏目的与方向而时感彷徨与迷失。

根据埃里克森理论，建立了稳定的自我同一性，意识到个人对社会的义务，在社会活动中获得成功，就会产生亲密感；相反，如果一个人缺乏献身精神，在社会生活中不能成功，就会与他人隔离开来，陷入孤立的境地。

成年中期发展危机是创造力对自我专注。一个人如果能继续保持上一阶段的亲密感，而且扩展到下一代，关心和促进下一代的幸福，就会获得创造力感，相反，如果安于自足，就会产生自我专注的感受或停滞感。

老年期的发展危机是完善感对绝望感。发展顺利者就会随心所欲，安享余年；发展障碍者则会悔恨旧事，悲观失望。

总之，青年期开始，人格发展是已形成的人格品质与其环境之间发生强烈的交互作用。青年开始，一个人的人生可以说才真正开始，人生内容极其丰富。我们既要从事社会工作，承担社会义务，发挥自身的创造力，实现社会价值和自我价值，又要成为

生命的气质与个性

苏轼

热爱家庭、关心社会且有责任心有义务感的人。现实地执行这些责任，将要面临着许多重大的人生课题，一个人人格发展和完善很大程度取决于这一时期。我们的人格，也就是在这样的历练中成熟和完善起来的。

我们熟悉的古代大文豪苏轼的一生，经历了三次巨大的贬谪生涯，还有其他数不清的不如意与挫折，但是他的人格一直保持坚挺。他从来没有被这些"黑暗的力量"所打倒、所击垮。即便是在孤悬海外的儋州，孤独的他也依然笑面人生，苦中寻乐。其实，当一个人身处困厄之中的时候，他的生存状态、精神状态已经下降到正常人生的水平面以下，是一种负值人生。当此之际，如果还能够以平常、正常的生活心态来面对一切，那自然就是旷达与达观。换言之，超然旷达不是在平常生活之上更高的精神境界，而是个人境遇降至平常以下的时候，依然能够保持平常的生活态度。苏轼就身体力行地实践了这个真理。这样看来，一个人的人格经历了各种磨炼之后才会更加的完整，充满魅力。

人的灵魂经过痛苦和炼狱，才可能达到臻真完美的境界。本性——异化——回归，是一般人人格发展的基本历程。"——……异化………——"这个历程很长很长。虽不说一个人的灵魂能够回归，那他（她）死后就会进入天堂，否则，将要入地狱；但至少可以说，回归意味着生命人格的超越与升华，达到随心所欲而不逾距的自然状态，获得生命的完善感与成就感。

不参与社会生活，就不会社会化；不社会化，就不其成为人。我们身边有很多内向的性格孤僻的朋友，特别是网络社会到来之后，好多人在网络世界里纵横自如，而在现实生活中一窍不通，这种人就是缺乏对社会的了解和认知，与社会割裂开来，这样导致自身的人格有明显的缺陷。

社会化的过程，就是离开本性走向异化的过程。个人的生存条件不同，经历不同，个人所要经历的历练过程也不同。社会是复杂的，有些东西可以选择，有些东西无法选择，有些东西是可以放弃的，而有些东西是不可以放弃的，关键取决于你自己。

回归其实是一种自悟——对生命本真的一种善的感悟。唯有宽容、豁达才可以回归到善的本真上。带着遗憾和仇恨离开人世的人，显然是不能回归的。我们可以看到，中国传统知识精英所提倡的人格，实际上是一种"圣贤人格"，相对而言，西方现代知识分子所践履的或许可称为是"凡人人格"。但不管怎样，圣贤也好，凡人也罢，对真善美的追求是最起码的原则，也是良好人格形成的基础。

活得自然，活得轻松，活得愉快，以善良之心创造生命的价值，以完善自己有利他人为尺度，这样的人一定能回归。所以，

生命的气质与个性

随时审视自己的所作所为，拷问自己的良心，这是一个人精神生活必不可少的一个重要环节。

刚才谈及的是人生至死总的灵魂回归。事实上，人生有许多回归，总的回归就是由这许多回归组成和铸就的。事业有事业的起步、辉煌和回归，爱情有爱情的初开、浓郁和回归，生活有生活的起步、成熟与回归，人际有人际的初涉、交往和回归……如果我们在人生的诸多方面有了彻悟，那么，我们在精神领域所处的位置就会越来越高，我们的人格就会越来越完善。

第五章 完善自我 毕生发展

轻松一刻：欧几里得与学园的故事

欧几里得（约公元前330年~前275年）是古希腊著名数学家、欧氏几何学的开创者。欧几里得生于雅典，当时雅典就是古希腊文明的中心。浓郁的文化气氛深深地感染了欧几里得，当他还是个十几岁的少年时，就迫不及待地想进入"柏拉图学园"学习。

欧几里得

一天，一群年轻人来到位于雅典城郊外林荫中的"柏拉图学园"。只见学园的大门紧闭着，门口挂着一块木牌，上面写着："不懂数学者，不得入内！"这是当年柏拉图亲自立下的规矩，为的是让学生们知道他对数学的重视，然而却把前来求教的年轻人给闹糊涂了。有人在想，正是因为我不懂数学，才要来这儿求教的呀，如果懂了，还来这儿做什么？正在人们面面相觑，不知是退、是进的时候，欧几里得从人群中走了出来，只见他整了整衣冠，看了看那块牌子，然后果断地推开了学园大门，头也没有回地走了进去。

"柏拉图学园"是柏拉图40岁时创办的一所以讲授数学为主要内容的学校。在学园里，师生之间的教学完全通过对话的形式进行，因此要求学生具有高度的抽象思维能力。数学，尤其是几何学，所涉及对象就是普遍而抽象的东西。它们同生活中的事物有关，但是又不来自于这些具体的事物，因此学习几何被认为是寻求真理的最有效的途径。柏拉图甚至声称："上帝就是几何学家。"这一观点不仅成为学园的主导思想，而且也为越来越多的希腊民众所接受。

人们都逐渐地喜欢上了数学，欧几里得也不例外。他在入学园之后，便全身心地沉潜在数学王国里。他潜心求索，以继承柏拉图的学术为奋斗目标。除此之外，他哪儿也不去，什么也不干。经常熬夜翻阅和研究了柏拉图的所有著作和手稿，可以说，没有谁能像他那样熟悉柏拉图的学术思想、数学理论。

经过对柏拉图思想的深入探究，他得出结论：图形是神绘制的，所有一切抽象的逻辑规律都体现在图形之中。因此，对智慧的训练，就应该从图形为主要研究对象的几何学开始。他确实领悟到了柏拉图思想的要旨，并开始沿着柏拉图当年走过的道路，把几何学的研究作为自己的主要任务，并最终取得了世人敬仰的成就。

第五章 完善自我 毕生发展

第三节 利用环境，发展人格

一、人格发展是个体与环境交互作用的结果

事物是普遍联系的，一切事物都处在相互影响、相互制约的关系之中。人格的发展受环境的影响，同时个人又积极主动地作用于环境。因此，人格的发展是个体与环境不断交互作用的结果。人格特质和人格整体是这种交互作用的自我积淀。心理学家黄希庭认为，在人格与环境交互作用的多种方式中，主要有反应的交互作用、唤起的交互作用、超前的交互作用。根据他的研究，对我们人格发展的交互作用机制进行探讨。

反应的交互作用 反应的交互作用是指面对同样的环境，不同的个体会以不同的方式感受、体验和解释。每一个人的人格都能从客观环境中选取主观的心理环境，这种主观心理环境便构成了其后的人格发展。

青年人的人格发展已开始进入整体性和成熟性的状态。学校的系统教育使其既是具有比较相同的知识和经验，同时我们又是一个个具有独特性、主观性的个体。我们对环境的认识、体验、感受和解释具有比较成熟的、经验化的、比较固定的主观性和独特性。由于我们既以群体的方式存在又以个体的方式存在，其心理环境不仅具有共性，更具有明确的倾向性、个体性。比如，对

相同学校环境的反应和认识，一个外向、善于交际的人和一个内倾、趋于沉默的人对环境的反应是不同的。一个有责任心的人和一个无责任心、无上进心的人对环境反应是不同的；一个能力强和一个能力比较低的我们对环境的反应也是不同的，等等。这些不同的主观心理环境，便构成了我们以后的人格发展基础。因为这些不同的主观心理环境决定了不同态度和行为，这些态度和行为会引起其人格的不同发展。

唤起的交互作用 唤起的交互作用是指个体的人格特征和行为会引起周围的人对他的特异反应。这种反应又反过来作用于个体，使个体的人格和行为产生变化。这种唤起的交互作用，自始至终贯穿于人格发展的全部过程。

我们的人格和行动，会引起同学、教师、学校、社会等对其产生独特的看法和评价，这种看法和评价又会反过来作用于我们的人格和行为，使其人格和行为发生变化。比如，一个具有崇高的品德和正确的人生观的人，他在学习和工作中表现出求实创新、学习认真、工作负责、具有献身精神、追求进步、热爱生活，这些人格和行为必然会得到同学、同事、单位和社会的肯定和赞扬，而这种肯定和赞扬又会引起他精神百倍、执著进取、工作学习效能提高，更加积极努力。这样，人格和行为就会获得进一步地发展。反之，则会产生相反的结果。

超前的交互作用 超前的交互作用是指个体主动选择和营造自己所喜爱的环境，而这些环境又反过来进一步塑造其人格。一个追求进步、努力实现其人生价值的人，都会积极选择和创造有利于自身人格发展的环境，这种环境又反过来促进自身人格的发展和自我价值的充分实现。

我们选择和创造有利于自身人格发展的环境的方式主要有3种：一是直接选择符合自身特点、有利于自身人格发展和实现自身价值的环境；二是通过自身努力、改善人际关系、调适自我与环境的关系来建构有利于自身人格发展的环境；三是通过其他的渠道和方式，比如改变到另一个新的环境去等来选择适合自身人格发展的环境。

在超前的交互作用中，人格的独立性和主动性、自觉性和批判性起着关键的作用。只有具有这些特性，才能积极选择环境，主动建构环境，决然改变环境，从而使环境更能成为发展自己人格的基础。

二、营造良好的社会环境

人格的环境基础包括胎内环境的影响、家庭环境的影响、学校教育的影响和社会环境的影响等多方面。

1. 胎内环境的影响

胎内环境具体指母体的健康、食物和营养及其精神状况。这些因素深刻地影响着子宫环境，从而深刻地影响新生儿的某些特性。家庭环境是个体最早接触的环境因素。家庭的各种因素，诸如家庭结构的类型、家庭气氛、父母的教养方式、父母的职业和

生命的气质与个性

胎儿

文化程度、家庭所处的自然和社会环境等都对人格的形成起着相当重要的作用。

根据埃里克森的研究，学前儿童在家庭环境中其人格的发展要解决信任对不信任、自主行动对羞怯怀疑、主动性对退缩愧疚等发展危机，因其矛盾的不同解决而出现发展顺利与发展障碍的区分，最终形成截然不同的人格特征。

2. 学校教育的影响

学校教育对人格发展具有特殊而重要的意义。因为学校教育是一种有目的、有计划的环境影响，学校是个体人格发展中群体互动的理想场所，学校教育时间长，是个体人格发展的关键时期。这其中，学校的文化氛围、班级环境、教师教育教学风格和人格特征等对学生的发展都具有十分重要的作用。人格发展首先面对学校环境，然后是我们生活的社会大环境，包括历史时代、人类文化、民族文化、政治经济和思想文化制度、社会阶层等各种因素。一个学校的教育环境、管理制度和人际关系等对我们人格发展产生直接的作用。关注人格发展，促进健康人格，学校应该从以下几个方面为学生的人格发展提供有利条件：

形成以人为本的激励机制 以人为本就是人类的一切活动都要以人的生存、发展、享受的需要为出发点和归宿。人，不仅仅是手段，更是目的。因为作为世界最高存在的人，是自然、社会和自身的主体。作为实践主体的人，总是根据自己日益发展的需要和能力，在认识和改造客观世界的过程中，不断超越自己的现实存在，使自己生存和发展水平始终处于发展之中，由追求物质文明为主走向追求精神文明为主。作为自我主体的人，总是在改造客观世界的过程中，不断改造主观世界，不断进行自我认识、自我审视、自我评价和自我教育，以确立明确的自我观念与自我追寻的方向，不断提高自己认识和改造世界的能力，不断追求和完善理想的自我。

正因为人是主体，学校应该充分尊重学生的存在和价值，关注学生的生存、发展，从思想政治、道德、科学文化、心理等各方面激励和帮助他们提高素质。现代学校管理要切实发扬民主，实行民主管理、民主监督、民主决策。只有这样，才能使学生发展的积极性、主动性和创造性充分发挥，主体意识不断增强，在实践中自觉完善人格。

以人为本的管理，不仅重视学生的需要与价值，而且正视他们个体的差异与特长，既面向全体，又因材施教，激励学生个性的张扬，发掘主体的创造潜能，发挥创造才能，从而有利于他们的全面发展和人格的完善。

营造和谐的人际环境 和谐的人际环境，是一个学校正常有效运作的前提条件，也是学生个体在群体良性互动中发展人格的良好条件。一个学校、一个班级集体其构成成员在认知水平上参

生命的气质与个性

差不齐、在智力水平上存在差异、在能力特长上各有千秋。他们具有各自不同的个性心理特征和人格特征，具有自身各自不同的需要和利益，这种差异是必然的客观存在的。但是，和谐的人际环境是可以建构的。因为，学生群体有着共同的心理特征和共同的目标、利益，同一学校的学生存在着广泛的文化共同，他们相互依存，共同活动，相互理解、相互合作。

学校管理者要善于运用学生间的接近性（空间距离小）、相似性、互补性及其各自的能力和特长，建立必要的制度和机制，创造各种机会，比如各种学习交流会、民主座谈会、各种文娱体育活动、丰富多彩的综合实践活动等，让他们广泛接触，增进了解，融洽关系，并引导其形成协作意识和协作精神。同时，学校管理者要建立公正客观的激励评价制度，从制度上维护团结和谐。

和谐的人际环境为学生间交往、学习、互补等提供广泛的空间，从而为他们发展人格提供相互学习、借鉴的条件，进而促进我们人格的发展。

建立新型师生关系　师生关系是学生人格发展的又一重要条件。教师和学生是相互作用的两方，每一方却包含着认知和行为两个侧面。认知包括对另一方行为的选择性知觉与评价；行为是各自认知的体现，表现为言语和非言语两类活动，行为会影响对方的认知。

显然，教师是学生的示范和导向，教师是学生的镜子。学

第五章 完善自我 毕生发展

融洽的师生关系

生的人格通过其行为表现出来，教师对其行为进行评价，使学生获得反馈，反省自身行为和人格，并对自身人格进行改造和发展。这种机制必须建立在师生双向或多向交往上。为此，就需要建立起民主、平等、和谐、伙伴式的师生关系。这种师生关系，既有利于学生的全面发展，又有利于教师人格的完善。

民主的师生关系，意味着教师和学生对知识、问题民主探讨，共同学习，充分注重学生的意识，设身处地理解学生，共同确立教学目标，共同参与教育教学活动，教师和学生在活动中互为运动员、裁判员，开放教学，开放思维，共同实现目标。

平等的师生关系，意味着教师和学生在教学中具有平等的地位，特别是对知识理解和问题的解决，师生都有各自平等的发表意见和看法的权利，教师不拿师权压人，学生也参与教学决策，教师既是决策的指导者，又是参与学生学习的学习者。

伙伴式的师生关系，意味着教师不仅是学生的良师，还是学生的益友，是他们学习和探讨问题的伙伴，在学习和解决问题的过程中，相互信任、理解、宽容。当然，老师得有原则。这样的师生关系和谐互动，变单向交往为双向、多向交往，师生间具有亲密协作的关系，教师和学生的言行全面直接接触，师生间的信息直接全面的反馈，当然有利于学生人格的发展。

3. 社会文化对人格发展的影响

将人和动物比较，人和动物具有共同性，表现在：他们都是自然界的一部分；都要受自然规律支配；都有自然欲求，比如生存欲求、性的欲求。但人和动物是具有根本区别的，这种区别表现在：动物本能地适应环境，人能动地改造环境；人性制约着人的自然性，人的自然属性渗透着人的社会文化性，受社会文化的制约，具有丰富多彩的人文色彩。比如吃，动物生吃，人就熟吃。因而，人具有人格，而动物不具有人格。人和动物的这些区别，是社会文化对人的熏陶和教育的结果，个体正是在社会化的过程中逐渐获得自我而形成并具有人格的。

人类自己在漫长的历史长河中，创造了自己的文化，又把自己置于一定的文化环境之中，人类文化是形成人格的重要条件。没有人类文化的熏陶，人就不能成其为人，也就谈不上具有人格。不仅如此，每一民族都具有自己的文化，称为民族文化，它塑造着一个人的民族性，使个体的人格特征打上民族的烙印。

第五章 完善自我 毕生发展

我们既是一定社会文化的产物，而且又是社会文化的承传者。作为前者，我们既要受人类文化的影响，又要受民族文化的影响；作为后者，我们既要传递人类文化，又要传递民族文化。正是在这种阐释文化、传播文化、运用文化的过程中，我们自觉地追求真知、创新价值、创造文明，从而完善自我人格。可见，我们人格的发展和完善离不开社会文化的影响。

一定历史时期的社会文化，其内容是十分博大的。既有人类文化，又有民族文化；既有传统文化，又有现代文化；既有东方文化，又有西方文化；既有主文化，又有亚文化。其中充满精华，不乏糟粕。良好的社会文化环境应该是既要百花齐放，百家争鸣，又要古为今用，他为我用；既要突出主文化和时代主旋律，又要兼容并包。只有这样的文化环境才能真正塑造一定社会和一定时代的全面而整体的人格。社会既应该激励人们崇尚文化、崇尚科学、崇尚进步、崇尚文明，又要尊重人格主体的人格尊严和其自身价值、特点和特长。

面对体制转轨、社会转型的现实，社会要形成良好的舆论导向，引导人们树立正确的世界观、人生观、价值观，同时，我们要立足自身的特点和潜能，追求真知，勇于开拓，积极创新，获得自我发展人格。

4. 社会阶层对人格发展的影响

原始社会末期开始，社会出现阶层划分，之后迄今每个社会都存在着阶层。不同阶层拥有的财富不同，从而所处的经济、文化的层次和水平、享有教育的机会和程度甚至实际享有的政治权利都是有区别的。正是这些区别，使得人们人格形成和发展的环境存在着差别，从而影响着人们的人格发展。社会生活中的每一个体，必然处于一定的社会关系之中，归属于某一阶层，个体所处阶层的政治、经济、社会地位状况，是其人格形成和发展的外在环境基础，也是个体自我认识、自我体验等心理活动产生的现实基础。

任何人无不处于社会的一个阶层之中。在社会生活中的经济利益、政治权利和社会地位，随生产力发展水平、社会文明的程度的发展而变化，同时其地位也深受社会的政治经济制度、文化背景和教育功能的影响。纵观地位的历史发展，我们在不同社会历史条件下，所处的阶层地位，不仅成为其人格发展的客观环境条件和基础，而且也是心理形成的客观基础，人格的发展和完善，就是在自我与这些环境的交互作用中进行的。因此，不同的历史条件和社会制度下，人格具有不同的特点，人格不仅有着阶层的烙印，而且有着历史的烙印。可见，人格的发展和完善受自身所处的阶层地位和历史条件的制约和影响。

社会阶层对人格发展具有影响，地位的切实保障是发展人格的基本保证。地位包括经济地位、政治地位和社会地位。经济地位是生存和发展的物质基础和生存发展的必要保障；政治地位是

第五章 完善自我 毕生发展

其发展人格的政治权利和保证；社会地位是发展人格的外在动因。为此，国家和社会要充分关注民生、保障民权、尊重民意、造福民众。民生就是国民的生计，即国民的生产、生活，安居乐业。保障民权就是保障公民权益，它是关注民生在法律中的体现。尊重民意，就是尊重老百姓的常识常理常情，在此基础上造福民众。保障公民地位是一项系统工程。国家应该建立起相应的法律制度和政策措施，切实加强其贯彻落实；社会要形成自尊、自爱、自强不息的风气，使每一个现代人都自觉地成为追求理想人格的主体。

生命的气质与个性

轻松一刻：玻尔人生价值的自我实现

玻尔

玻尔是丹麦物理学家，哥本哈根学派的创始人，曾获丹麦皇家科学文学院金质奖章，英国曼彻斯特大学和剑桥大学名誉博士学位，诺贝尔物理学奖。

1885年10月7日，玻尔生于哥本哈根，父亲是哥本哈根大学的生理学教授。从小受到良好的家庭教育。

1903年，进入哥本哈根大学数学和自然科学系，主修物理学。

1907年，玻尔以有关水的表面张力的论文获得丹麦皇家科学文学院的金质奖章，并先后于1909年和1911年分别以关于金属电子论的论文获得哥本哈根大学的科学硕士和哲学博士学位。随后去英国学习，先在剑桥汤姆孙主持的卡文迪什实验室，几个月后转赴曼彻斯特，参加了以卢瑟福为首的科学集体，从此和卢瑟福建立了长期的密切关系。

1912年，玻尔考察了金属中的电子运动，并明确意识到经典理论在阐明微观现象方面的严重缺陷，赞赏普朗克和爱因斯坦在

第五章 完善自我 毕生发展

电磁理论方面引入的量子学说。创造性地把普朗克的量子说和卢瑟福的原子核概念结合了起来。

1913年初，玻尔任曼彻斯特大学物理学助教时，在朋友的建议下，开始研究原子结构，通过对光谱学资料的考察，写出了《论原子构造和分子构造》的长篇论著，提出了量子不连续性，成功地解释了氢原子和类氢原子的结构和性质。

1916年任哥本哈根大学物理学教授。

1917年当选为丹麦皇家科学院院士。

1920年创建哥本哈根理论物理研究所，任所长。

1921年，玻尔发表了《各元素的原子结构及其物理性质和化学性质》的长篇演讲，阐述了光谱和原子结构理论的新发展，诠释了元素周期表的形成，对周期表中从氢开始的各种元素的原子结构作了说明，同时对周期表上的第72号元素的性质作了预言。

1922年，第72号元素铪的发现证明了玻尔的理论，玻尔由此荣获诺贝尔物理学奖。

1923年，玻尔接受英国曼彻斯特大学和剑桥大学名誉博士学位。

1937年5、6月间，玻尔曾经到过中国访问和讲学。

1939年，玻尔任丹麦皇家科学院院长。第二次世界大战开始，丹麦被德国法西斯占领。1943年玻尔为躲避纳粹的迫害，逃往瑞典。

1944年，玻尔在美国参加了和原子弹有关的理论研究。

1947年，丹麦政府为了表彰玻尔的功绩，封他为"骑象勋爵"。

1952年，玻尔倡议建立欧洲原子核研究中心，并且自任主席。

1955年，玻尔参加创建北欧理论原子物理学研究所，担任管委会主任。同年丹麦成立原子能委员会，玻尔被任命为主席。

1962年11月18日，玻尔因心脏病突发在丹麦的卡尔斯堡寓所逝世，享年75岁。

第五章 完善自我 毕生发展

第四节 完善人格，彰显魅力

人格的完善和魅力的形成不是自发实现的，是自我教育和实践的产物。自我教育，作为现实自我向理想自我积极统一的心理过程，它在符合时代和社会要求的方向上所进行的设计自我、完善自我和实现自我的价值目标，只有通过个体的实践，才能转化为现实。一句话，理想自我的实现和人格魅力的塑造，必须在个体的社会实践中去进行，去实现、去完善和升华。

一、加强自我教育

自我教育是自我意识目的性、计划性和能动性的集中体现。其目的指向理想自我的人格，计划性在于现实自我的逐步改善，能动性不仅表现在对自己正确深入的认识上，而且表现在对自我积极能动的改造上。它反映出主体有理想、有抱负、积极向上、执著进取的精神状态和行为，自我教育的发展必然促使主体自我认识的进一步深化和自我

体验的进一步深刻，从而推动自我意识的整体发展。

因此可以说，自我教育是个体人格发展的关键和内在的动因。自我教育开辟了人发展的新可能性。开始进行自我修养的个人，不仅成为教育的客体，而且成为教育的主体，即个人不仅接受社会教育，而且自己努力教育自己。凡是有作为的人都有自己的理想自我和自己所追求的理想人格。要实现理想自我，必须加强自我教育，使自己的心理和行为时时处于现实自我和理想自我积极统一的过程中。在这个过程中，个体要时时把时代和社会对我们角色的要求内化为自己的需要，转化为内部的自我教育，以高度的角色责任感和历史使命感来追求自己的理想自我，发展自身人格。

自我教育是自我意识中的自我调节的最高形式。它是主体自我按照社会和时代的要求对客体自我自觉地实施的教育。如果说自我控制着眼于"克制"，那么自我教育则着眼于个体的"发展"。它是个体根据社会和时代的要求进行符合时代和社会的自我设计、自我完善和自我实现的过程。其心理实质就是现实自我向理想自我的积极的统一过程。即不断完善现实自我，使之与符合社会和时代发展要求的理想自我达到统一。

每个人由于自身的生理、气质、性格、能力等的特点差异，决定了不同个体不同的理想自我的理想人格。比如，能力一般的人，也许把做一个合格的公民作为理想自我，而能力很强的人，也许把做有成就的人作为自己的理想自我。这些差异意味着，即

第五章 完善自我 毕生发展

使实现了理想自我，未必都具有人格魅力。因此，把塑造人格魅力作为统一的理想目标去追求，这就还要求我们个体在加强自我教育时做到以下几点。

一要树立远大的目标和信念。个体理想自我的实现，仅仅是人生跨出了一级阶梯。而人生的境界是无穷的，个体不管其个性、能力、气质等差异如何，都应该以做有魅力的人为目标。围绕着这个目标去设计自我、完善自我、发展自我和实现自我。

社会心理学家奥尔波特认为信条、生活前景是人们产生创造性的推动力。埃里克森研究揭示了青年期、成年期、中年期和老年期人格发展的四对矛盾。自我同一性对角色混淆、亲密感对孤独感、创造力对自我专注和完善感对绝望感的矛盾。我们只有具有明确的自我意识，树立远大的目标和信念，不断追求人格的完善，才能正确解决人格发展中的矛盾，形成自我同一性、与人相处的亲密感和热爱家庭、关心社会、有责任心和义务感的人格特征，产生出创造力，实现有意义的人生，才能具有随心所欲，安享余年的完善感。

因此，我们要以振兴国家民族为己任，增强自身的责任感、使命感和奉献精神、创新精神，把自身人格的发展同国家的富强、民族的振兴结合起来，把理想自我与时代和社会的要求结合起来，树立远大的目标和信念，不断超越自我，为了社会的文明进步，塑造自己的人格魅力。

二要立足于社会的需要和自身的特点，发挥优势，矫正不足。我们要立足于自身在生理、气质、能力等方面的特点，发掘自己有魅力的人格品质。这需要我们具有深刻的自我认识，积极上进的情感态度和坚强的意志水平。

为此，我们要积极发展自我认识，反省性思维，激励自己的积极向上的情感态度和改变自我过程中的自我控制水平，把完善自我与获得自尊联系起来，把自尊和尊重结合起来，获得发展人格魅力的动力。同时，我们要将自己的理想人格与社会的需要、时代的呼唤结合起来，正确认识自己、发展自身人格、创造社会价值。

21世纪是知识经济信息时代，知识和信息的生产、创新、储存和使用的节奏和周期日新月异，学习与创新是时代对我们每个人的基本要求，终身教育和终身学习是个人生活的必要组成部分。这不仅要求我们的人格具有独特性和完整性，而且更要求人格的适应性变革和创造性发展——塑造时代性人格将成为我们人格发展的主题和主流。

二、注重社会实践

人格发展的过程机制往往是这样：个体在生活实践中，通过自我和他人的审视和评价，形成自我概念。在对自我概念的评价

第五章 完善自我 毕生发展

中产生自我体验。个体以自我概念和自我体验作为自己的行为导向和行为动力，信息加工及其行为监控和矫正，在实践中不断进行自我教育和把自我教育付诸锤炼人格实践，并不断获得新的自我认识和自我体验，进行新的实践，从而实现自身人格的发展和理想自我的实现。

在实践中完善自己的人格，塑造自己的人格魅力要注意两个结合：一是，根据自身特点确定理想自我目标；二是，要把理想自我与时代要求、社会发展的需要结合起来塑造自己的人格魅力。只有这样的自我设计、自我完善，才能在为社会和时代培养人的实践过程中创造社会价值，也才能在创造社会价值的过程中真正实现自我价值。

奈斯比认为："我们越是全球化并在经济上相互依存，我们就越是做着合乎人性的事情；我们越是承认我们的特性，我们就越想紧紧依靠我们的语言，越想紧紧抓住我们的根和文化。"由此可见，一个民族的民族文化，在未来的教育中仍然是基调，对人类文化的诠释、传播、运用与创新，莫不以本民族的文化和语言作最后的和最终的认识逻辑工具。这表明了未来社会的发展中，民族文化的生命力和自信力将更加强大。不难得出，未来社会，我们的人格内涵特性必然是具有鲜明的民族性的——塑造具有民族魅力的人格，是我们这个时代人格发展又一方向。

在知识和信息的生产、创新、储存和使用的21世纪，创新是时代的主旋律，开发和利用人脑潜力将是社会劳动的最大特性。脑力劳动和信息技术的使用，将使男性和女性由于生理特点所导致的现实的社会分工的差别将会逐渐缩小；随着教育事业的发展，终身教育和终身学习已成为个人生活的必要组成部分；随着经济发展、科技进步与教育均衡化的推进，人人享有学习和教育的机会，将会从理想变成现实；高技术的运用，极大地解放了人的体力和脑力，休闲也将成为人们生活的重要组成部分，每个人将有时间和权利选择最佳的教育和发展。这时，男女在社会地位、工作方式、学习和生活方式等各方面将会趋同，由于性别差异而引起的认知方式、价值、动机、性格特征等心理方面的差异将日益缩小，其人格的整合将走向男女个性特性的综合化整合。

年龄差异所带来的心理差异也会逐渐缩小，贯穿毕生的人格发展在特质的差异上将会远远低于水平的差异。

我们作为社会文化文明的传承者，在阐释、传播、应用、创新文化的过程中，追求真理，重建价值，超越自我，关怀人类，其人格发展将会显著地体现着上述特征——走向综合的纵向水平升华，追求独立自由的理想人格。

第五章　完善自我　毕生发展

　　反映时代精神的、体现民族文化的、追求独立自由的、整体综合而纵向升华的、贯穿毕生的人格发展和人格魅力的塑造，既是时代社会的呼唤，更是完善自我的使命。我们要在终身学习和社会实践中，充分利用自我教育的功能，将自律和他律结合起来，自我与时代统一起来，借助气质，彰显个性，锤炼自身人格，塑造自己人格魅力。

生命的气质与个性

轻松一刻：关于实践的名人名言

1. 一碗酸辣汤，耳闻口讲的，总不如亲自呷一口的明白。

——鲁迅

2. 通过实践而发现真理，又通过实践而证实真理和发展真理。

——毛泽东

3. 实践决定理论，真正的理论也有着领导行动的功用。

——邹韬奋

4. 中国留学生学习成绩往往比一起学习的美国学生好得多，然而十年以后，科研成果却比人家少得多，原因就在于美国学生思维活跃，动手能力和创造精神强。——杨振宁

5. 行动是老子，知识是儿子，创造是孙子。——陶行知

6. 如果你不带偏见地去考虑问题，如果你思考一下这些准则的一般性质，你就可以得出一个完全不同的结论。因为所有的准则事实上都是实践上的。——布拉德利

7. 经验给我们太多的教训，告诉我们人类最难管制的东西，莫过于自己的舌头。——斯宾诺沙

8. 离开革命实践的理论是空洞的理论，而不以革命理论为指南的实践是盲目的实践。——斯大林

9. 除了凭着对过去的经验加以类推之外，我们对今后的事一无所知。——林肯

10. 理论脱离实践是最大的不幸。——达·芬奇

主要参考文献

1. 《心理学》，黄希庭，上海教育出版社，1997
2. 《教育心理学》，张大均，人民教育出版社，1999
3. 《中国教育史要略》，吴定初，巴蜀书社，1996
4. 《学校应用心理学》，杨宗义，贵州教育出版社，1993
5. 《人格整合》，李维，浙江人民出版社，1998
6. 《中学生心理卫生》，郑日昌，山东教育出版社，1998
7. 《自我监控与智力》，林崇德、沈德立，杭州浙江人民出版社，1997
8. 《普通心理学》，孟昭兰主编，北京大学出版社，2005
9. 《培养心情与人格——人生基本目标教育》，国际教育基金会，北京大学出版社，2005
10. 《个性心理学》，叶奕德、孔克勤主编，华东师范大学，1991
11. 《社会心理学：解读社会 诠释生活》，崔丽娟、才源源，华东师范大学出版社，2008
12. 《健康人格论》，常岩松编，辽宁人民出版社，2005
13. 《初中心理健康教育教学参考书》，曾宁波主编，高远才、艾正安等参与编写，四川省教

14. 《人格与认知》，陈少华编著，社会科学文献出版社，2005 年

15. 《胜任自己》，郑石岩著，广西师范大学出版社，2005

16. 《个性优化与人才发展——21 世纪人才心理素质教育丛书》，贺淑曼、李焰等编著，世界图书出版社，2001 年

17. 《普通心理学》（修订版），彭耽龄主编，北京师范大学出版社，2004

18. 《心灵、自我与社会——世纪人文系列丛书》，（美）米德著，赵月瑟译，上海译文出版社

19. 《自我：社会心理学精品译丛》，（美）乔纳森·布朗著，陈浩莺等译，人民邮电出版社

20. 《儿童的人格教育》，（奥）阿德勒著，彭正梅、彭莉莉译，上海人民出版社

21. 《个性与价值——重写你生活的脚本》，（美）罗兰·帕克著，尚京子等译，华夏出版社，1991

22. 《同一性（青少年与危机）》，（美）埃里克·埃里克森著，孙名之译，浙江教育出版社

23. 《重塑自我的 12 个步骤》，（英）乔纳森·伽贝著，中央编译出版社，2005

24. 《自我的发展——20 世纪心理学通览》，（美）简·卢文格著，韦子木译，浙江教育出版社，1998 年

25. 《自我——社会心理学精品译丛》，（美）乔纳森·布朗

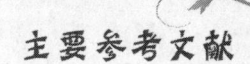

著，陈浩莺等译，人民邮电出版社，2004年

26.《人格的发展》，（英）瓦尔·西蒙诺维兹、彼得·皮尔斯著，唐蕴译，上海社会科学院出版社

27.《心理测量与评估——心理学基础课系列教材》，（美）刘易思·艾肯著，张厚粲、黎坚译，北京师范大学出版社

28.《教育心理学——心理学导读系列》，（美）斯滕伯格、（美）威廉姆斯著，张厚粲译中国轻工业出版社

29.《元认知研究的理论意义》，杨宁，心理学报，1995，（4）

30.《遵循元认知心理规律提高学生的自学能力》，吴其馥，首都师范大学学报，1996，（6）

31.《个性心理特征》，百度百科：baike.baidu.com/view/1136231.htm-38k

32.《自我意识》，百度百科：http://baike.baidu.com/view/99830.html

33.《个性倾向》，百度百科：http://baike.baidu.com/view/979917.htm

34.《自我认识》，百度百科：http://baike.baidu.com/view/978297.htm

35.《设计自我》，胡博之，http://shijiershang.bokee.com/viewdiary.13946457.html